教育部高校人文社会科学项目（15YJC630180）资助完成
江西省高校人文社会科学项目（JJ18204）资助完成
东华理工大学人文社科平台专项项目（17RJJ03）资助完成

HAZE POLLUTION AND COUNTERMEASURES:
AN ECONOMIC STRUCTURE
EVOLUTION PERSPECTIVE

经济结构演进视角下
雾霾污染与治理
对策研究

张 玉 赵 玉 著

北京理工大学出版社
BEIJING INSTITUTE OF TECHNOLOGY PRESS

内 容 简 介

本书从环境经济学和演化博弈的角度构建了雾霾污染与治理的解释性框架；分析了中国大气污染特别是雾霾污染的现状及成因，描述了雾霾污染的时空特征、变化趋势及溢出效应；分析了经济结构演进对雾霾污染的影响以及经济和雾霾之间的脱钩关系；梳理了中国大气污染治理的政策演进脉络；在借鉴国外先进经验的基础上，讨论了我国雾霾污染治理的可行路径；从财政政策、税收政策、金融政策、产业政策、价格政策和贸易政策等方面提出了综合治理雾霾的对策建议。

本书可供相关研究机构的专业研究人员和高等院校有关专业的师生使用，也可为环境、能源、生态等相关政府职能部门的管理人员制定相关政策时提供参考。

版权专有　侵权必究

图书在版编目（CIP）数据

经济结构演进视角下雾霾污染与治理对策研究/张玉，赵玉著.—北京：北京理工大学出版社，2019.12
ISBN 978－7－5682－8016－7

Ⅰ.①经…　Ⅱ.①张…②赵…　Ⅲ.①空气污染－污染防治－研究－中国　Ⅳ.①X51

中国版本图书馆 CIP 数据核字（2019）第 279044 号

出版发行／北京理工大学出版社有限责任公司
社　　　址／北京市海淀区中关村南大街 5 号
邮　　　编／100081
电　　　话／（010）68914775（总编室）
　　　　　　（010）82562903（教材售后服务热线）
　　　　　　（010）68948351（其他图书服务热线）
网　　　址／http：//www.bitpress.com.cn
经　　　销／全国各地新华书店
印　　　刷／保定市中画美凯印刷有限公司
开　　　本／710 毫米×1000 毫米　1/16
印　　　张／13.25　　　　　　　　　　　　责任编辑／梁铜华
字　　　数／215 千字　　　　　　　　　　　文案编辑／梁铜华
版　　　次／2019 年 12 月第 1 版　2019 年 12 月第 1 次印刷　责任校对／周瑞红
定　　　价／56.00 元　　　　　　　　　　　责任印制／李志强

前　　言

　　雾霾污染是中国当前最突出的社会问题之一。从 2013—2017 年雾霾浓度的年度平均变化来看，全国大部分地区的雾霾污染都得到了缓解。数据显示，2017 年全国 338 个地级及以上城市 PM10 平均浓度比 2013 年下降 22.7%，京津冀、长三角、珠三角等重点区域 PM2.5 平均浓度比 2013 年分别下降了 39.6%、34.3%、27.7%。北京市 PM2.5 的年平均浓度从 2013 年的 89.5 微克/立方米降至 58 微克/立方米。全国 74 个重点城市空气质量优良天数比例为 73.4%，比 2013 年上升了 7.4 个百分点，重污染天数比 2013 年减少了 51.8%。尽管我国在雾霾治理方面已经取得了明显的效果，但是目前国内 PM2.5 浓度仍远超出世界卫生组织 2005 年《空气质量准则》规定的年均值 10 微克/立方米或日均值 25 微克/立方米的标准。国内城市空气质量优良天数的增加与国内大气质量标准偏低有关。

　　雾霾治理任重道远。减少经济活动产生的雾霾污染是中国保持可持续发展的关键。除了通过技术手段治理雾霾污染以外，政策制定者希望通过优化经济结构来达到减轻雾霾的目的。以往的经济增长加重了雾霾污染，人们需要寻找一条新的发展路径，最终达到经济活动与生态环境相协调的"天人合一"境界。不同的经济结构演进路径有可能减轻雾霾污染，也有可能加重雾霾污染。任何想当然的经济结构调整可能既伤害经济发展，又无助于降低雾霾污染。只有科学地认清经济结构演进与污染的关系，把握污染变化趋势，尊重客观规律，才能积极主动地、循序渐进地促进经济结构朝着有利于改善雾霾污染的方向演进，最终达到经济发展与环境保护的协调和统一。

　　本研究从雾霾污染特征与原因、雾霾污染的溢出效应、经济发展与污染的关系以及污染治理路径等方面对现有文献作了归纳和梳理。在此基础上对行政治霾和市场治霾作了经济学分析，采用演化博弈理论研究了政府和企业的雾霾治理行为。在定量分析方面，采用空间统计学和计量经济学方法从不同的时间尺度和空间尺度详细地分析了中国雾霾及其气态前体物污染的时空特征。以珠三角地区为例，构建了预测雾霾污染变化趋势的动态空间面板模型，预测了该地区雾霾浓度的变化趋势。基于 Kaya 恒等式将雾霾污染成因的经济驱动因素分解为排放强度效应、能源结构效应、经济效应和规模效应。基于 Tapio 弹性系数法判断了 2013—2017 年各地区经济增长和雾霾污染的脱钩状态。构建库兹涅兹环境曲线联立方程，分析了经济演进与雾霾污染脱钩的关系，分别模拟了"煤改气"项目、节能减排、产业结构调整和转移四种情景下的雾霾污染和经济增长变化情况。在定性研究方面，梳理了 1978 年以来我国大气污染治理政策的演进历程和方向，归纳了欧美、日、韩工业化过程中治理大气污染的经验和启示。从推进生态体制机制创新、健全环境法律法规体系、建立信息公开制度及社会监督机制、加强生态文化建设、打造绿色产业体系五个方面提炼了雾霾治理的可行路径。最后从财政、税收、金融、产业、价格和贸易等方面提出了治理雾霾污染的对策建议。

在传统产业升级、能源结构优化的现实背景下，一场中国特色的生态文明建设已经拉开序幕。笔者希冀通过本专题研究，能为我国生态文明建设和大气污染治理建言献策，做出自己的边际贡献。然而，囿于自身的能力和水平，书中难免存在诸多不足之处，笔者愿意虚心接受同行专家的批评和指正。

值此成书付梓之际，首先要感谢东华理工大学经济与管理学院的熊国保教授、邹晓明教授、马智胜教授、张坤教授以及江西财经大学严武教授对本课题在研究过程中给予的无私指导和帮助。另外，还要感谢参与教育部高校人文社会科学项目（15YJC630180）课题的郭倩倩、顾欣、赵桂香和谢启阳等研究生所做的文件收集和整理工作。这些调研资料为本书的撰写提供了大量素材，其中郭倩倩和顾欣分别负责收集、梳理了国内和国外大气污染治理政策文件，赵桂香和谢启阳分别协助整理了第七章和第八章的内容。本书的出版还得到了北京理工大学出版社领导的关心和帮助，宋肖和梁铜华等编辑同人为本书的审读、校对和出版付出了辛勤劳动，在此一并表示感谢。

当然，对于书中可能存在的错误和不当之处，作者文责自负，并敬请各位读者朋友提出宝贵的意见和建议。

目　　录

图表目录

第1章 绪 论

1.1 研究背景与意义

1.1.1 研究背景

雾霾污染是世界性热点问题。尽管雾霾天气被列为自然灾害，但其本质上是一个经济问题。从人类发展史的发展线条来看，随着农业经济向工业经济的过渡，雾霾污染会变得日趋严重，而随着经济结构的升级，雾霾污染会逐渐减少。欧美等发达国家的经济发展史便很好地印证了这一点。18世纪60年代之后，西方国家先后完成了工业革命，实现了从传统农业社会转向现代工业社会的重要变革。同时工业污染带来的环境问题在19世纪中叶以后逐渐成了严重的社会问题。

1930年比利时爆发了马斯河谷雾霾事件。1930年12月1—15日，马斯河谷工业区排放的大量工业废气和粉尘弥漫在河谷上空无法扩散，导致了严重的公共卫生问题，该地区一周内死亡人数是正常死亡人数的十多倍。1943年7月26日美国洛杉矶爆发了光化学雾霾事件，此后洛杉矶雾霾持续了十多年。1948年10月26—31日美国多诺拉镇爆发了雾霾事件，工厂排放的废气和粉尘在当地不利的气象条件以及山谷地形的综合影响下形成了持续近一周的重度雾霾天气，约6 000人出现了呼吸道疾病。1952年12月5—8日英国爆发了"伦敦烟雾事件"，四天时间死亡人数达到了4 000多人。其后两个月又有8 000多人陆续丧生。另外，1959年在墨西哥石油和采矿业集聚的波萨里卡爆发了大气污染公害事件。1964年日本四日市由于工业废气和粉尘排放的日益增加爆发了群体性哮喘事件。

进入21世纪以来，随着我国工业经济的快速发展，国内陆续爆发了较为严重的雾霾事件，如始于2013年10月20日的东北雾霾事件，2015年年底至2016年年初的北京雾霾事件。雾霾天气时，大气中的气溶胶使空气浑浊受污染，进入人体后不易排出，停留在肺泡，会造成危害，同时会使人们的心情灰暗压抑，影响心理健康。另外，气溶胶颗粒凝聚后悬浮在空中，还会造成视程障碍，甚至引发交通事故（王润清，2012）。2013年1月，全国20起雾霾事件造成的全国交通和健康的直接经济损失保守估计约230亿元（穆泉，张世秋，2013）。严重的大气污染给社会造成了极大的损失，引起了国人的高度关注。国内外媒体逐渐聚焦中国的雾霾污染，各统计机构也开始收集相关数据信息，人们开始从大量的数据中寻找破解雾霾污染难题的答案。从发达国家雾霾史来看，雾霾自爆发到逐渐从人们视野中消失的过程大约会持续十多年甚至数十年。在这一段时间里，尽快找到破解雾霾污染难题的答案显得紧迫且重要。

1.1.2　研究意义

雾霾污染是中国当前最突出的社会问题之一。减少经济活动产生的雾霾污染是中国维持自身可持续发展的关键。除了通过技术手段减少雾霾污染以外，在经济手段方面人们越来越多地将目光投向了经济结构调整，并希望通过优化产业结构来达到减轻雾霾污染的目的。以往的经济结构演进加重了雾霾污染，未来的发展需要寻找一条新的经济结构演进路径，使区域经济活动与环境相协调。经济结构不同演进路径有可能减轻雾霾污染，也有可能加重这一污染，任何想当然的经济结构调整可能既伤害经济发展，又无助于雾霾的减轻。只有科学地认清经济结构演进对雾霾污染的作用方式和长期影响趋势，才能积极主动地、循序渐进地和合理地调整经济结构，使其演进向着有利于改善雾霾污染的方向发展，从而达到经济发展与环境保护的协调和统一。

公共物品理论认为环境污染和治理存在溢出效应，即常说的外部性，这是导致区域治污投入不足的根本原因。但具体来讲，在经济演进过程中是什么原因导致了雾霾污染？哪些地区（行业）是雾霾的源头？一个地区的雾霾是如何影响到周边地区雾霾治理行为的？如何针对雾霾污染的外部性进行综合治理？现有公共经济学或环境经济理论都没有给出现成的答案。显然回答这些问题对于各地区的雾霾治理具有重要的现实意义。区域不是独立存在的，不同的空间单元之间存在的相互作用既包括传导也包括反馈，从而各单元邻接起来形成了一个复杂网络。这就引发了一个有趣的问题，即空间单元的相互作用如何导致集体特性和聚集模式。标准的计量模型难以处理和回答涉及空间相关的问题。将空间因素纳入经济结构演进与雾霾污染溢出效应的分析，其实证结果对实现区域经济发展与生态环境的良性互动态势具有重要的理论意义①。通过本文的相关研究，我们能够将经济结构变化对雾霾产生影响的一些基本问题给予明确的和定量化的揭示，也可以为雾霾治理提供最为基础的决策依据，从这一点来看，本研究具有极强的实用性。

1.2　国内外研究动态

国内关于雾霾的研究最早出现在 1976 年第 4 期《气象》杂志上，作者伍端平在文章中从气象学上辨析了轻雾、霾和浮尘之间的区别。20 世纪八九十年代国内公开见诸期刊的相关文献合计仅 6 篇。而进入 21 世纪的第一个十年里，相关文献便增加到了 33 篇，随后由于国内多地爆发了严重的雾霾事件，雾霾污染开始引起学术界的广泛关注。2012 年全年雾霾相关主题发文量为 35 篇，2013 年这一数据增长到了 1 017 篇。通过资料梳理，我们从雾霾污染特征与原因、雾霾污染的溢出效应和外部性问题、经济发展与污染的关系以及雾霾污染治理四个方面归纳现有相关文献。

1.2.1　雾霾污染特征与原因

我国早期部分地区的气象部门就有关于雾霾污染的相关记录。邝建新（1994）分析了 1960—1993 年广州市雾霾的时间分布特征。60 年代广州市霾出现天数为 19 天，70 年代为 73 天，80 年代为 455 天，1990—1993 年出现了 196 天。从月份的分布上来看，1 月出现了 128 天，2 月出现了 66 天，10 月出现了 67 天，11 月和 12 月分别出现了 87 天和 174 天。3—9 月这一数据分别为 52 天、33 天、37 天、13 天、18 天、46 天和 22 天。可见一年当中广州市的霾主要出现在冬季，而夏季则较少。冬季冷空气入侵，广州市区多位于高压脊内，空气干燥，气层稳定且风速微弱，有利于霾的形成（邝建新，1994）。早期的研究认为烟尘量与雾霾发生天数具有明显正相关性，并推断排入大气中的烟尘量逐年增加是雾霾天数递增的主要原因（揭武，1982；武文安，1995）。根据汕尾气象台 1961—2003 年共 43 年的常规气象观测资料分析发现，霾在 80 年代后出现次数明显增多，汕尾市雾霾天气能见度的时次变化都是在早晨 8 时次出现最多，在 8～14 时次逐渐减少，在 14 时次出现最少；霾天气逐月变化不明显，轻雾和雾主要出现在冬春季节，以春季为多（钱峻屏，黄菲，等，2006a）。利用 1980—2003 年广东

---

① 赵玉，徐鸿，邹晓明．环境污染与治理的空间效应研究［J］．干旱区资源与环境，2015，29（07）：170－175.

省沿海地区 26 个地面气象观测站 23 年的气象观测资料，我们分析了广东省雾霾天气下能见度的时空分布特征，霾天气时能见度的值在秋、冬两季相对较高，最低值出现在 6 月，而且在 5、6、7 三个月中能见度值都很低。另外，霾天气时能见度的空间分布则没有明显的区域差异（钱峻屏，黄菲，等，2006b）。利用 1980—2003 年广东省 22 个地面气象观测站 24 a 的气象观测资料，我们采用经验正交函数分解（EOF）和连续功率谱分析方法，分析广东省雾霾天气下能见度的时空分布特征。研究发现，广东地区雾霾天气能见度的年际变化主要表现在 EOF 的前两个主模态，方差贡献分别占 17.4% 和 11.8%（张运英，黄菲，等，2009）。

　　早期的雾霾相关研究主要集中在工业发达的珠三角地区。进入 21 世纪之后，由于其他地区工业发展迅速，大气污染物排放逐年增加，全国不同地区均出现了浓度不等的雾霾灾害天气。其他地区的雾霾污染特征和原因也得到了学术界的关注。研究区域主要集中在北京等雾霾污染严重的华北地区，2011 年北京一天之中 PM2.5 浓度较大的两个区段是早晨 7—8 点和下午 18—20 点，该时段均为上下班高峰期，这表明移动排放源已经成为北京市城市污染重要源头（周涛，汝小龙，2012）。于兴娜等人研究了北京雾霾天气期间气溶胶光学特性，结果表明北京雾霾天气期间气溶胶粒子主要以细粒子为主。吴庆梅和张胜军（2010）利用常规天气资料、自动气象站资料、观象台风廓线雷达资料及污染资料，分析了 2005 年 11 月 2—5 日发生在北京的一次持续雾霾天气过程中中低空扰动、山谷风以及城市热岛对 PM10 浓度的影响，研究表明中低空的扰动和山谷风对 PM10 浓度影响显著，而热岛对 PM10 浓度的影响相对气象条件和人类活动的影响来说很小。黄怡民等（2013）采集 2010 年 10 月 7—10 日较严重雾霾天气时的大气气溶胶样品，发现在雾霾天气下，硫酸根离子、硝酸根离子、铵根离子、钙离子等水溶性无机盐污染严重。在一次持续雾霾过程中，环流形势、气象要素、物理量场及大气污染物都会影响雾霾天气的形成（赵娜，尹志聪，吴方，2014）。对比分析北京地区四季的气象及雾霾情况，发现不同季节雾霾的出现伴随条件不同，如春季的雾霾污染主要和天气形势有关；夏季雾霾主要受到气压场和光化学作用的影响（张婧怡，2018）。

　　从人类活动对雾霾污染的影响来看，雾霾主要成分与工业结构、能源消耗具有较强的关联性，直接排放的 PM2.5 一次源较少，能源结构的改善和能源强度的下降是三者减排的主因，而经济发展水平的提升、人口总量的扩张和对火电、供热需求的增加始终是增排因素（田孟，王毅凌，2018）。但陈弄祺和许瀛（2016）的研究则认为空气质量、人口数量、经济发展水平、机动车数量、能源消耗、废气排放量、房屋建筑施工面积等因素中只有能源消耗总量和房屋建筑施工面积对雾霾天数有显著性影响。除了以上关于北京雾霾污染影响因素的研究结论存在矛盾之外，更大空间尺度上的实证研究结论也并不完全一致。这与实证研究选择变量、样本和计量模型的差异有关。

在人口和城镇化因素方面，人口规模、劳动人口比重及城市人口比重均与雾霾污染整体呈负相关关系，家庭的小型化趋势及人口密度的增大会加重雾霾污染，人口素质提高则有利于雾霾污染的治理（张云辉，韩雨萌，2018）。不同口径城市化指标对雾霾污染的影响呈现异质性，户籍人口和土地城市化均与雾霾污染存在倒"U"型曲线关系，户籍人口城市化已进入曲线拐点的右侧，土地城市化仍处于曲线拐点的左侧（邓世成，郭凌寒，2019）。地理集聚对雾霾浓度的影响呈现显著的先扬后抑的倒"U"型特征，城市规模的扩张有助于缓解制造业集聚对雾霾污染产生的加剧作用，而地理集聚与城市规模对雾霾污染的影响在不同地区和不同规模的城市中表现出明显的差异（陈旭，娄馨慧，秦蒙，2019）。

在金融因素方面，我们针对西北五省区的研究则表明金融发展与雾霾污染呈负相关关系，金融发展具有明显的减霾效应；城镇化对雾霾污染的影响表现为促增，城镇化建设会加剧雾霾污染（王江，刘莎莎，2019）。宋凯艺和卞元超（2019）的研究则发现短期内金融开放对雾霾污染的直接效应、间接效应和总效应显著为正，即金融开放程度越高，雾霾污染水平也越高，但是在长期内金融开放能够有效降低雾霾污染。

在产业结构方面，从整体层面看，在产业结构调整的雾霾减排效应中，产业结构高级化的雾霾减排效应较强，而产业结构合理化对雾霾减排的促进作用相对较弱（程中华，刘军，李廉水，2019）。京津冀地区城市处于环境库兹涅茨曲线顶点的左侧，产业转型具有明显的环境改善正效应，但是产业结构高级化对环境的改善作用明显高于产业结构合理化（王树强，孟娣，2019）。

在能源消费方面，煤炭和石油消费是雾霾污染和经济增长的重要驱动因素（赵吉林，赵佳，薛飞，2018）。空气污染的主版图逐渐由京津冀鲁、长三角和珠三角向西部地区转移，煤炭消费和污染空间溢出效应是这一现象的主要原因（孙红霞，李森，2018）。另外，车辆的油品也是京津冀地区雾霾的来源之一，低标柴油车排放对京津冀鲁豫地区雾霾形成的贡献达20%以上（国务院发展研究中心"京津冀天然气协同发展战略研究"课题组，2017）。静态和动态空间面板数据模型均显示能源消费对雾霾污染具有显著的正向影响，但不同地区能源消费对雾霾污染的影响程度存在差异，其中东部和中部地区能源消费对雾霾污染的影响显著，西部地区能源消费对雾霾污染的影响不显著（唐登莉，李力，洪雪飞，2017）。

在对外贸易方面，空间滞后面板数据模型的实证表明贸易开放会加剧雾霾污染（康雨，2016）。贸易开放度的扩大会导致我国 PM10 浓度的提高，而格兰杰因果关系检验显示贸易开放是 PM10 浓度的单向格兰杰原因（刘晓红，江可申，2017）。基于长三角地区的实证也表明贸易开放度的提高将会加重雾霾污染水平，且出口开放度的影响效应大于进口，"污染避风港假说"在该地区是成立的（辛悦，李学迁，2019）。在剔除了加工贸易后，贸易开放对改善雾霾污染发生实质性的转变，协同集聚与贸易开放交叉项对雾霾污染存在负向影响，即贸易开放通过提高协同集聚水平间接地制约了集聚负外部性对雾霾污染的影响（蔡海亚，徐盈之，2018）。

1.2.2 雾霾污染的溢出效应和外部性问题

外部性又称为外部影响、外差效应或外部效应、外部经济，是指一个人或一群人的行动和决策使另一个人或一群人受损或受益的情况，而溢出效应是外部性的原因。雾霾污染的溢出效应之所以会导致外部性，是由于雾霾天气的产生与人类的经济活动有很大的关联。可以把雾霾天气看成经济学中的一种典型的外部性问题，由其引发的一系列社会经济问题迫使我们采取相应措施加以制止和解决（傅月耀，2016）。我们有必要结合经济外部性和公地悲剧理论，分析雾霾发生的原因并提出政策建议（陈道远，2015）。

如何有效降低雾霾外部性的影响，需要从技术和制度两个方面入手。技术方面主要是通过对相关数据的挖掘量化外部性的大小，以清晰界定雾霾治理的责任主体，为后续治理的制度安排提供依据。邵帅等（2016）采用动态空间面板模型和系统广义矩估计方法，在同时考虑雾霾污染的时间滞后效应、空间滞后效应和时空滞后效应的条件下发现中国省域雾霾污染呈现明显的空间溢出效应和高排放俱乐部集聚特征。胡秋灵和刘伟奇（2019）根据脉冲响应函数确定城市间相互影响的程度并采用方差分解方法测算宁夏各城市对区域内空气质量的贡献程度，以此量化各城市大气污染的外部性，从而在城市间进行治污责任分摊。贾尚晖和石丽红（2018）构建了 PM2.5 转移矩阵，量化了京津冀雾霾溢出效应，发现河北为雾霾净输出地区，而北京和天津为雾霾净输入地区，结合溢出效应需要对治污资金进行二次分配。ArcGIS 数据则表明保定、邢台、衡水和邯郸是雾霾扩散中心区，天津、沧州和石家庄为潜在扩散区，北京、廊坊和唐山是极化分异区，张家口、承德、秦皇岛为受益聚集区（王一辰，沈映春，2017）。京津冀地区应进行雾霾污染源头治理，联合防治雾霾污染（史燕平，刘玻君，厉玥，2017）。对辽宁地区的实证则表明环境治理投资对本地和邻近地区雾霾污染起到有限的抑制作用，由于环境规制等警示作用的影响，溢出效应大于直接效应，在城市化进程中，雾霾污染的促增作用没有得到有效抑制，各县市治霾政策必须联防联控（于冠一，修春亮，2018）。

从制度上解决污染外部性的问题主要包括排污权交易、环境税和环境标签制度等。"公共地悲剧"造成了环境的严重污染。为了解决这种外部性，戴尔滋提出了排污权交易的理论设计，为许多外国政府所采纳，并取得了较好的治污效果（罗建，邓巍，2011）。雾霾治理的排污权交易主体主要为生产过程中产生二氧化硫、二氧化氮等雾霾前体物的厂商。2002 年开展的二氧化硫排污权交易制度试点，根据政策实施前后八年的省际面板数据，采用倾向得分匹配倍差法比较政策实施前后二氧化硫排放强度的变化，分析该政策的实施效果，研究结果表明该政策对降低工业二氧化硫排放强度有显著作用（张墨，王璐，王军锋，2017）。环境税既可以在生产环节征收，也可以在消费环节征收。消费税可以充分发挥矫正污染负外部性的"绿色税收"功能，以差别税率实现灵活调节，实施绿色导向的税收优惠减免，促进环境保护和能源节约（孙玉霞，2016）。环境税收能够使一定程度污染负外部效应得到内部化解决，从而实现一定程度的社会收益（赵忠龙，2017）。实证表明大气雾霾与环境税收政策的区域格局相反，我国环境税政策的制定和实施未充分考虑大气雾霾的地理分布特征（孙红霞，李森，2018）。从根本上解决雾霾污染，还需要在消费环节上通过经济、法制、技术等多手段协同、构建低碳消费模式，这样才能重建蓝天绿水、清洁美丽的生活环境（李新慧，2015）。环境标签制度可以通过激励消费者对绿色产品的理性选择，相应地调节市场对于消费需求变化的反应，从而达到绿色消费的目的，促进环境保护（万方，2010）。

1.2.3 经济发展与污染的关系

对于经济活动与环境污染的关系研究，国内外学者更多的是围绕环境库兹涅兹曲线（EKC）来展开的。在经济结构对环境污染的影响方面，Grossman、Krueger 和 Lopez 等在探讨 EKC 形成的原因时提出经济增长通过规模效应、技术效应与结构效应三种途径影响环境质量，规模效应恶化了环境，而技术效应和结构效应则改善了环境（毛克贞，吴一丁，刘婷，

2014）。其中结构效应是指随着收入水平提高，产出结构和投入结构发生变化。学术界对有关经济结构对环境污染，特别是对雾霾污染的研究相对较弱，仅仅是作为 EKC 形成的机理研究的一个考虑因素，并未进行深入的单独研究；研究的经济结构类型也基本上是三次产业结构，其他经济结构并未涉及。国内仅有个别学者利用 Grossman 分解模型在 EKC 形成动因研究中对经济结构有所涉及，目前还处于对国外相关理论的介绍阶段。

在实证研究方面，现有多数研究围绕着 EKC 的检验和环境拐点的测算展开（Halkos，2003；Maddison，2006；Lee，等，2010）。宋涛、郑挺国等（2006）采用 Weibull 函数和 Gamma 函数形式的面板数据模型检验了 1989—2005 年环境污染与经济增长之间的关系。不同空间单元间的环境污染和治理存在的相互作用既包括传导也包括反馈，从而各地区的环境邻接起来就组成了一个复杂的环境网络，而采用一般的时间序列模型、截面模型或面板模型都无法解决这一复杂网络问题。近年来生态环境方面的研究逐渐运用了尚处于快速发展中的空间面板计量模型。该类模型参数的估计方法主要有极大似然法（ML）、工具变量估计（IV）或广义矩估计（GMM）等方法。

随着空间计量方法的发展，有学者在研究中发现很多自然生态现象在不同的空间尺度上显示出了空间相关性，而这种相关性又产生了搭便车问题（Sigman，2002）。跨越区域边界的废气、污水和粉尘等污染物排放导致了周边地区的臭氧耗散、酸雨和雾霾。越来越多的证据表明各地区污染物排放具有较高的空间依赖性（Maddison，2006；魏下海，余玲铮，2011；吴玉鸣，田斌，2012；刘华军，杨骞，2014；Li，等，2014；Laurian 和 Funderburg，2014）。随着污染物排放的空间依赖得到验证，环境质量或绩效的空间依赖特征也引起了学术界的关注。Galdeano 等人（2008）使用空间面板方法研究了西班牙园艺生产部门环境投资与空间溢出效应。Costantini 等人（2013）用带环境账户的国民收入和生产核算矩阵研究了意大利环境绩效的空间溢出效应。Hosseini 和 Kaneko（2013）研究了环境质量通过制度相似性在国家之间的溢出效应。

总而言之，学术界关于经济结构变化对雾霾污染作用机理尚未得到圆满的揭示。从经济结构的角度研究人类经济活动对雾霾的影响，本身就是可持续发展理论的延伸和发展，其在理论上有很大的研究价值和研究空间。

1.2.4　雾霾污染治理

近年来环境安全事件频发，雾霾等环境污染与治理问题引起了学者们的广泛关注，一些学者对此进行了深入的研究。现有文献主要将环境治理问题纳入博弈理论框架中加以分析（Ward，1996；Barret，1998；Madani，2013；DeCanio，Fremstad，2013）。在该框架下，学者们主要讨论了治理目标、利益相关者、环境和经济约束条件、利益分配方案和保障措施。陶建格等（2009）建立了企业和政府之间的环境治理演化博弈，并认为经过多次重复博弈，排污企业将逐渐选择承担环境责任，并形成习惯，最终达到演化的稳定状态。洪璐、彭川宇（2009）运用混合战略的非合作博弈模型分析了城市环境治理投入中地方政府与中央政府的"治理－监督"博弈策略。刘洋、万玉秋（2010）运用非合作博弈分析了在跨区域环境事务中地方政府间利用博弈过程和理性决策行为，认为跨区域环境治理中存在"囚徒困境"。吕军等（2012）在非合作博弈框架下讨论了在矿山地质环境治理过程中，中央政府、地方政府与采矿权人之间"监督－治理"的混合纳什均衡。齐亚伟、陶长琪（2013）构建合作博弈模型分析了区域经济发展和环境治理合作效用的分配问题和合作机制的形成，并认为区域经济发展和环境治理合作机制形成的充分条件是各地方政府参与合作带来的效用大于不合作时所获得的效用。从生产负外部性和消费负外部性来看，我们应加强政府主导作用、发挥市场决定作用、强化企业社会责任、动员公众广泛参与以降低雾霾污染（蒙仁君，2015）。

1.2.5 研究述评

现有相关文献为本文的写作提供了理论指导和实证借鉴。但是相关研究领域至少存在以下不足之处：第一，现有文献中雾霾的成因在学术界还存在很大的争议，经济结构变化对雾霾影响的方式和路径尚未明确。第二，现有研究没有指出在我国经济结构演进过程中哪些地区是雾霾溢出的源头。第三，现有文献没有科学量化经济结构演进过程中雾霾污染的空间溢出效应，也没有厘清经济结构变化与雾霾污染空间溢出之间的关系。

基于以上不足，我们可以从以下四个方面做出相应的边际贡献：首先，分析雾霾污染的时空特征，并采用空间面板模型量化经济结构对雾霾污染的影响，同时将气候、季节、节日、地理位置和人口数量等作为控制变量。其次，分析在经济结构演进过程中各地区雾霾污染的空间溢出效应，找出雾霾污染扩散的源头。然后，基于空间面板计量模型对雾霾污染溢出乘数和雾霾治理费用的分摊额度作仿真研究。在此基础上，梳理我国大气污染治理的政策体系演进路径，总结归纳国外治理大气污染的经验，最后针对雾霾污染的外部性提出综合治理以及协同治理雾霾的对策建议。

1.3　研究目标和内容

本研究的目标主要包括，第一，厘清哪些重要的经济结构变化对雾霾污染产生影响以及产生了怎样的影响。第二，确定经济结构变化影响雾霾污染溢出的空间路径并在空间位置上找出区域雾霾溢出的源头。第三，分析不同经济结构演进过程中雾霾污染的空间溢出乘数并量化由此产生的外部性。第四，提出综合协同治理雾霾污染的有效路径和政策建议。

本项目拟以产业结构、单位能耗、能源结构等主要的经济结构变化为背景，寻找影响雾霾污染变化的经济结构演进路径，研究不同经济结构变化情景对雾霾污染及空间溢出的影响路径、影响强度和轨迹，确定经济结构演进引起的雾霾污染变化趋势，进而从减轻雾霾污染压力的角度提出各类经济结构的战略性调整方向，并研究治理雾霾污染的财政、税收、金融、产业、价格和贸易政策以及制度保障。本研究主要从以下几个方面展开：

第一，中国雾霾污染的时空特征及变化趋势。分析中国雾霾污染现状特征、时间特征、空间特征，并在此基础上研制雾霾污染的预测模型，对未来雾霾污染的变化趋势作出研判。

第二，雾霾污染的主要成因与影响因素分析。首先归纳总结雾霾生成的理化原因。其次，梳理工业结构、能源结构和消耗、人口因素、空间地理异质性等因素对雾霾污染的影响。

第三，雾霾污染的溢出效应研究。首先构建合适的空间面板计量模型，然后实证分析关键变量对雾霾污染的影响，最后通过雾霾污染的空间乘数分析，对不同条件下雾霾污染的溢出效应做出仿真。

第四，大气污染政策演进与雾霾治理政策效果评价。给出大气污染治理的政策逻辑起点。分重发展轻治理阶段、先污染后治理阶段、经济转型与科学发展阶段以及生态文明建设阶段阐述政策演进历程。归纳相关政策存在的问题及演进方向。使用计量方法评价目前治霾政策的效果。

第五，雾霾污染治理的政策建议。分析西方发达国家大气污染治理的经验、模式并归纳相关的经验启示。梳理雾霾污染治理的主要路径。提出雾霾综合协同治理的对策建议。

将经济结构演进中的雾霾污染与治理问题纳入空间经济学的分析框架，从时间和空间两个维度来讨论国内雾霾污染的成因、外部性和治理问题，具有一定的新意。预期需要突破以下重点和难点。

需突破的重点：

（1）经济结构变动对雾霾污染的影响机理研究。不同类型经济结构演进对雾霾污染的影响方式及影响路径的理论梳理以及理论创新。

（2）设计能够全面、准确反映各类经济结构特征的指标体系以及综合方法。不同的指标设计对经济结构特征的反映能力不同，单项指标和综合指标所反映的内容也有所不同，综合指标反映的内容更加全面，但代表性可能会降低。本研究在确保利用单项指标分析的基础上，尽力寻找合适的方法对单项指标进行综合。

（3）经济结构演进对雾霾污染及其空间溢出效应的影响研究，找出能够反映两者关系的模型，定量测算经济结构变化对雾霾污染的影响程度、影响轨迹和趋势等，明确经济结构演进对雾霾污染影响的路径。

（4）根据定性和定量研究，提出综合治理雾霾污染的对策建议，并设计相应的制度保障。

本研究需突破的主要难点主要体现在方法创新方面：

（1）围绕经济活动和雾霾污染之间的关系，如何构建一个合适的环境方程。在构建方程时，需要考虑雾霾污染在时间上的动态特征以及在空间上的溢出效应。

（2）在构建空间面板模型时，如何选择空间矩阵是模型能否构建成功的关键。现有文献中多使用 Q 型邻接矩阵、R 型邻接矩阵、距离矩阵、经济发展相似性矩阵等，但尚未在理论上取得共识。

（3）如何在空间面板模型中加入适当的门槛变量。环境污染和治理的溢出存在一定的门槛效应，只有当污染或治理大于该门槛值时，溢出效应才会发生。但门限空间面板在相关理论上尚不完善。

（4）随机效应模型和固定效应模型的选择问题。可以选用 Hausman 或 Breusch – Pagan 统计量判定面板模型中存在随机效应还是固定效应，但尚没有文献证明这些统计量也适合空间面板模型。

1.4　技术路线和方法

1.4.1　技术路线

本研究拟解决的现实问题为："为什么最近几年越调整经济结构大部分地区的雾霾污染却越发严重？为什么部分地区雾霾污染治理投资水平并没有随着经济实力的增强而相应提高？"科学问题为："一个地区经济结构

变化是如何产生雾霾污染空间溢出的？雾霾污染的溢出效应如何影响到周边地区环境治理行为呢？"

将该科学问题纳入空间经济学和公共经济学的理论框架下，重点分五个部分研究：第一，各地区雾霾污染的时空特征。需要回答雾霾污染的时间分布特征和空间分布特征有哪些，这些特征与经济结构变化之间有什么关系。第二，各地区雾霾污染的空间溢出效应。需要回答是否存在显著的空间溢出效应，空间溢出是否有门槛。第三，各地区雾霾污染溢出的空间乘数效应。需要回答雾霾污染溢出是如何在空间传导的以及这种溢出导致的治霾费用应该如何分摊。第四，提出综合治理的对策建议。除了要明确在减轻雾霾污染目标下经济结构演进路径和战略调整方向，还需要回答现有雾霾治理的制度安排是否有效，若存在制度失灵的现象，则如何改进现有制度。本研究的技术路线如图 1 - 1 所示。

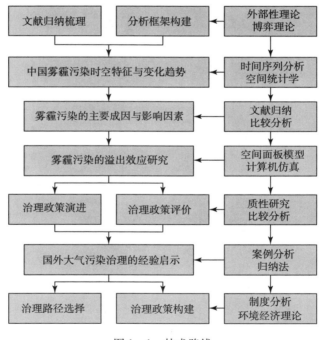

图 1 - 1　技术路线

1.4.2　主要研究方法

各章节使用的主要方法如下：第一，比较分析。收集能反映各区域主要经济结构演进的数据和雾霾污染数据，从时间和空间两个维度比较分析这些地区雾霾污染的时空特征以及经济结构演进之间的关系；另外政策评价时通过 DID 方法对政策实施前后的数据作比较分析。第二，动态空间面板模型与门限空间面板模型。在环境库兹涅兹曲线和 Grossman 分解模型的基础上构建动态空间面板模型和门限空间面板模型测度经济结构变化对雾霾污染影响的溢出效应和门槛效应。第三，分块 Bootstrap 仿真。在空间面板模型的基础上，采用分块 Bootstrap 与计算机仿真技术分析各地区治霾费用的分摊比例。

1.5 创新与不足之处

1.5.1 可能的创新

（1）视角的创新。从经济结构演进的视角回答雾霾污染的产生原因并讨论其治理的路径选择和制度安排，对目前经济供给侧结构性改革具有一定的借鉴意义。

（2）框架的创新。将雾霾治理置于动态合作博弈的分析框架下，揭示外部性对合作治理雾霾的影响，并提出应对方案和综合协同治理的对策建议。

（3）方法的创新。尝试构建具有一般意义的非线性的动态空间面板模型方程组来揭示经济结构变量对雾霾污染的影响，在方法上同时考虑非线性、时变性和内生性问题。

1.5.2 不足之处

（1）更多地选择部分区域为典型案例来研究经济结构变量对雾霾污染的影响而非采用全国全部的区域样本，研究结论是否适用于全国范围的所有区域有待商榷和验证。

（2）雾霾污染数据记录时间较短且属于高频数据，而经济演进是一个长期过程且相关数据多为低频数据。经济演进对雾霾污染的影响更多的是通过横向样本对比得到，需要进一步讨论解决不同频率数据匹配性问题。

第 2 章　雾霾治理的理论分析

2.1　基本概念界定

由于空气的流动性，各个地区的大气环境连成了一个整体，大气环境污染或者治理都具有外部性，任何一个地区单独采取治理行动，产生的收益或者成本都会由其他地区共同分享或者承担。因此各个地区有必要建立跨地区的合作机制，对域内大气环境采用综合协同治理。目前，环境问题实行了属地管理原则，地方政府具有转移污染成本以获取本地经济发展优势的动机。因此，构建地方政府间联合污染治理行为分析框架具有重要的现实意义。在展开分析之前，我们需要界定两个关键概念。

2.1.1　雾霾

雾霾是一种灾害性天气现象，是大气污染表现形式之一。虽然雾和霾是两种产生机理不同的现象，但由于两者的产生都与空气中微小颗粒组成的气溶胶系统有关，因此通常把大气中含量超标的各种悬浮颗粒物笼统表述为雾霾。空气中 PM2.5（空气动力学当量直径小于等于 2.5 微米的颗粒物）含量高时会出现雾霾天气，故 PM2.5 常被认为是造成雾霾天气的"元凶"。但 PM2.5 不等同于雾霾，雾霾中还含有其他直径的颗粒物。这些悬浮在空气中的颗粒物往往由灰尘、重金属、无机盐以及多环芳烃、有机碳氢化合物等组成。其在自然环境中的理化形成过程较为复杂，但主要与人类活动产生的氮氧化合物、二氧化硫、粉尘、烟尘等废气有关。

2.1.2　溢出效应

溢出效应是经济主体的某项活动会对其他主体或社会产生影响，即该活动产生了外部成本或者外部收益，而这些成本或收益无法由经济活动主体承担或获得。常见的溢出效应有知识溢出效应、技术溢出效应、投资溢出效应、污染溢出效应以及污染治理的溢出效应。溢出效应是产生经济外部性的原因，有时溢出效应和外部性的概念会被混淆使用。

2.2　大气污染与治理的外部性

2.2.1　公共物品和外部性

公共物品一般是指不能由个人或私营部门通过市场机制提供而必须由公共部门以非市场方式提供的物品或劳务，它具有非竞争性和非排他性的特征，如清洁的空气不具有竞争性和排他性，属于公共物品。市场不会提供足够的清洁空气。空气与所有人有关，空气为交通、工农业部门排放的废气提供了容纳服务，而废气可以借助气象和地理条件扩散，从一个地区漂移到另外一个地区。假设有两个相邻的地区，由于地理上的原因他们共享清洁空气，但这两个地区都因为生产而排放工业废气。对他们而言清洁空气是公共物品，因为谁也无法阻止其他地区使用这一物品。这与"公共地悲剧"的案例非常相似。假设两个地区的政府是各自地区的代理人，有对各自地区工业废气排放的监管权力。他们都希望对方尽可能多地承担废气治理的成本，提供尽可能多的清洁空气。若仅仅通过市场机制来协调清洁空气的供给，最终会导致两个地区治污费用投入不足，废气排放过量的结果。这时地方政府间的协商机制可以比市场机制更有约束力。

假设两个地方政府达成了具有约束力的排污协议，那么两个地区都能因此获得更多的清洁空气，福利也都能得到增加，相关协议便是一项帕累托改进交易。这种交易不能依赖或完全依赖市场机制完成，其根本原因在于外部性的存在。废气排放的外部性在于没有排放废气的人或地区也要承担废气排放行为带来的损害，而废气治理的外部性在于治理废气的企业或地区并不能独占治理废气带来的好处。这最终导致了过量废气的排放和废气治理投入不足的问题。

另外，公共物品不具有排他性。这意味着人们可以不支付任何费用而享受到该物品，这类人被称作"搭便车者"。假设有更多的相邻地区，在协商成本过高时，若缺乏机制使"搭便车者"付费，则大气污染治理投入也会低于均衡水平。此时，上级政府的协调机制会比地区间的协商机制更加有效。

2.2.2　大气污染与政府规制

人类生产活动会产生污染。由于削减污染会增加成本负担，所以生产者会将污染物排放到自然界中。价格对削减污染和排放污染物的决策有非常大的影响。当污染成本很高时，生产者会寻找低污染方式提供产品，当治理污染的成本很高时，生产者会倾向于排放污染物。需求和供给的市场力量对环境有巨大的影响。市场通过确定生产和消费的商品数量来决定产生多少污染物和消耗多少资源。

假设在一个竞争性的市场上，企业 A（如火电厂）属于高污染行业，其在生产产品 B 的过程中会产生大量大气污染物（如二氧化硫、一氧化氮、烟尘等）。

图 2 – 1 所示产品 B 的供给曲线（S_1）是一条向上倾斜的曲线，这意味着当价格（P）更高的时候，供给者愿意提供更多的产品（Q）。更高的价格给予厂商 A 一种激励，使其为增加利润而生产更多的产品 B。图 2 – 1 所示中供给线表明供给量是价格的函数。价格决定了在供给曲线的哪一点上生产。价格之外的因素影响供给曲线的整体移动。图 2 – 2 所示表明受到价格之外因素的影响，供给曲线由 S_1 移动到了 S_2。价格之外的因素包括采用了先进的技术、原材料价格的变化、生产产品 B 的厂商数量发生改变等。

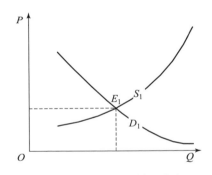

图 2 – 1　产品 B 的供需曲线

图 2 – 1 所示中需求曲线（D_1）反映了价格和需求量（Q）之间的关系。这条曲线上的点表明价格为 P 时对应的人们所购买的产品数量。需求曲线向右下方倾斜，意味着价格上涨时，消费者的需求数量将会下降。价格因素变化仅仅导致需求量沿着需求曲线运动。除此之外，其他因素的变化会导致需求曲线发生左右移动。这些因素包括消费者收入的变化、关联产品价格的变化、消费者偏好、人口数量的增加以及其他因素。图 2 – 2 所示显示需求曲线由于收入水平提高和人口数量的增加向右移动，总需求出现了增加，而由于技术进步或生产成本下降，供给曲线也向右移动。均衡点由原来的 E_1 移动到了 E_2，新的均衡点与原来的均衡点 E_1 相比，供给量出现了大幅增加。这意味着企业 A 生产了更多的产品 B，并排放了更多的大气污染物。为了减少高污染产品的均衡数量，在需求方面可以通过改变

人们的偏好减少需求数量，在供给方面可以通过征收环保税或实施配额制生产来减少供给数量。

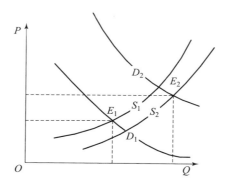

图 2 - 2 产品 B 的供需曲线移动

图 2 - 3 和图 2 - 4 分别描述了政府以配额限制和征收环保税方式介入产品 B 的生产过程而导致的供给曲线发生的移动。配额限制和征收环保税是两种基本的管制工具，但配额限制属于行政控制手段，征收环保税则属于市场激励手段。

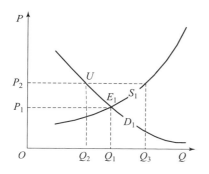

图 2 - 3 配额管理下的供求关系

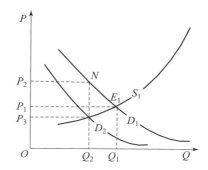

图 2 - 4 征收环保税前后的供求关系

政府对排污企业 A 的配额限制可以是限制产品 B 的产出，可以是限制产品 B 生产的投入，也可以直接限制污染物的排放。图 2 - 3 显示了生产配额对供求关系的干预。为了降低大气污染物的排放，假设政府直接要求企业 A 生产少于均衡数量 Q_1 的产品，政府将这一产量限定在 Q_2，那么市场上产品 B 的数量减少了 $Q_1 - Q_2$，价格随之由 P_1 上升至 P_2，而在 P_2 这一价格下，企业希望能生产 Q_3 数量的产品，这就需要政府花费成本做好监督。配额限制在成功地减少产量以及大气污染物排放的同时，会使消费者承担更高的价格。

图 2 - 4 显示征收环保税对供求关系的影响。假设税收从量计征，征税

后需求曲线 D_2 是关于税后的市场数量函数，它由原来的需求曲线 D_1 垂直向下移动单位征税数额得到。征税推高了市场价格，市场价格由 P_1 移动至 P_2，新的均衡发生在税后的需求曲线和供给曲线的交汇处，新的均衡价格为 P_3，产品 B 的单位税收为 $P_2 - P_3$。与不征环保税相比，环保税导致消费者为单位产品多支付了 $P_2 - P_1$，而生产者单位产品得到的收入减少了 $P_1 - P_3$，两者之和等于单位产品被政府征收的环保税额，即有 $(P_2 - P_3)Q_2$ 的税收收入被政府得到。

对比两种管制工具的效果可以发现，实行配额限制和征收环保税时产品 B 的供给量相等，消费者花费的价格也是一样的。但两种管制工具下企业 A 的价格存在较大的差异。在配额限制下企业得到的价格高于 P_1，而征收环保税时企业得到的价格低于 P_1。要达到相同的减排目标，市场激励手段比行政控制手段成本更低，却对生产者的收益产生了相反的影响。生产者更倾向于游说政府采用低效的配额限制。其他的行政控制手段还包括制定和颁布各种形式的标准，如原材料标准、生产工艺标准、技术标准、排放标准以及环境标准。而市场导向的激励措施除了征收环保税外还包括污染物定价并收取污染费、补贴排污者治污成本以及进行排污许可证交易（即总量控制和交易计划）。

2.2.3 政府失灵

从以上的分析可知，雾霾污染的治理既涉及同级政府间的协商，也涉及上级政府的协调，还涉及企业排放水平和本地政府的规制。政府应通过更多途径介入雾霾治理过程。借助税收和配额政策、财政转移支付、排污权界定、环保法律法规等方式，各级决策者试图通过权力配置资源来纠正市场失灵。但根据公共经济学理论可知，至少有两个原因会导致政府失灵：一是除了公共利益之外，晋升、增加部门预算、企业的游说甚至贿赂等私人利益都会左右官员的公共决策；二是没有掌握足够的信息导致政府决策失误。政府干预可能导致社会福利增加，也可能导致社会福利下降，当出现后一种情况时，就发生了政府失灵。在雾霾治理过程中，既要考虑市场失灵，也要注意尽量避免政府失灵。

2.3 雾霾治理的经济学分析

2.3.1 行政控制雾霾的经济学分析

产生雾霾的大气污染物来源广泛，不同的行业废气排放和治理成本均不相同。不同地区经济发展水平不同，大气污染物排放数量和治理成本也不相同。因此，对同一个地区不同行业的废气减排量不应作统一要求。对不同地区同一行业的废气减排量也不应作统一要求。假设某地区政府相关管理部门已经决定了总的减排量，政府在选择减排方案时，必须从成本有效性和技术可行性两个方面考虑减排方案的可行性。从经济学角度来看，成本的有效性在于"等边际原则""均衡边际原则"。

　　假设在一个地区仅有两个不同的企业 A_1 和 A_2，它们分别隶属于不同的行业，单位产品排放的大气污染物并不相等，边际减排成本曲线分别记作 MC_1 和 MC_2，大多数情况下两者并不相等。假设大气污染物总减排量为 M，若企业 A_1 减排额规定为 Q_1，则企业 A_2 减排剩余的 $M - Q_1$，此时 A_1 的减排边际成本为 P_1，而 A_2 的减排边际成本为 P_2（图 2-5），P_1 大于 P_2。此时若 A_1 少减排一单位的污染物，而 A_2 多减排一单位的污染物，那么总减排量不变，但根据边际成本曲线，此时 A_2 的减排边际成本低于 A_1 的减排边际成本，因此，总的减排成本下降。继续减少 A_1 的污染物减排量至 Q_0，而增加 A_2 的减排量至 $M - Q_0$，此时两个企业边际减排成本相等，总的减排成本达到最小值。可见，同一地区不同企业减排量的分配原则要满足减排的边际成本相等原则。

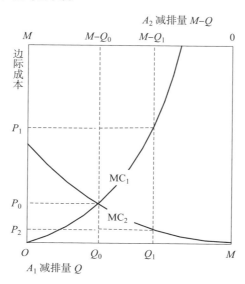

图 2-5　减排边际成本均衡分析

　　不同地区多个企业间大气污染物减排量的分配也要满足"等边际原则"才能使整个社会的减排成本最小。如果不满足这一原则，例如政府将

企业 A_1 的减排量定为 Q_1，A_2 的减排量定为 $M - Q_1$，则会导致社会福利的无谓损失，这一损失量为 MC_1 曲线、MC_2 曲线和直线 $Q_1(M - Q_1)$ 共同围成的曲边三角形的面积。采用行政控制方式的难点主要在于总量 M 的确定、各个企业减排量的确定。除了成本有效性之外，我们还要考虑技术可行性，即技术上能否更好地监管企业对分配方案的执行情况；另外，还要考虑分配方案或制定的排放标准是否激励了企业的技术创新。

2.3.2 市场机制治理雾霾的经济学分析

除了颁布标准外，政府部门也可以制定出大气污染物排放价格，用高昂的价格来抑制废气排放行为。征收环保税、减排补贴以及进行排污权交易都是通过价格杠杆来激励减排的方法。市场机制则利用激励措施鼓励企业减少大气污染物的排放。市场机制有效运行的前提之一是发现大气污染物的有效价格。

假设企业 A_1 和 A_2 必须按照大气污染物价格为排放行为支付一定的费用。假设价格定为 P，当企业减排一单位的边际成本小于 P 时，它们就愿意一直减排，而随着减排量的增加，减排的边际成本逐渐增加，当边际成本 $MC_1 = MC_2$ 且等于 P 时，总的减排成本达到最小值，根据对图 2-5 的分析可知，P 等于 P_0 时才能满足条件。当政府将大气污染物的价格定为 P_1 时，企业 A_1 愿意减排 Q_1 数量的废气，而企业 A_2 愿意减排 M 数量的废气，由于 P_1 大于 P_0，所以两个企业都愿意减排更多的废气，但总的减排成本是无效的。当政府将大气污染物的价格定为 P_2 时，由于 P_2 小于 P_0，两个企业愿意减排的数量都小于均衡时的减排量，A_2 愿意减排 $M - Q_1$ 数量的废气，而企业 A_1 愿意减排的数量小于 Q_0，此时便无法完成政府设定的减排目标。

当政府制定了减排总量并将企业 A_1 和 A_2 的减排量分别指派为 Q_1 和 $M - Q_1$ 时，根据图 2-5 所示，企业 A_1 的减排成本远高于企业 A_2。如果实施排污许可证交易制度，则企业 A_1 愿意以不超过 $P_1 - P_2$ 的价格从 A_2 手中购买排污权，将减排责任转移给 A_2，而由 A_2 减排所产生的成本更低，只要 A_2 的减排成本低于排污许可证交易价格，A_1 的减排成本高于排污许可证交易价格，交易就会发生。由于交易，两个企业的福利都得到了改进。

征收环保税是确定大气污染物价格最直接的方式。图 2-6 描述了征收环保税对减排的影响。假设征税前大气污染物的均衡价格为 P_0，则企业最优减排量为 Q_0。政府对企业征收环保税后，价格为 T，此时企业最优减排

量为 Q_1，Q_2 为企业的最大减排量。价格为 T 时，有 $Q_2 - Q_1$ 数量的大气污染物未被减排。此时企业需要缴纳（$Q_2 - Q_1$）$\times T$ 的税收，这笔税收是企业的排污费。只要收费的标准大于边际减排成本，企业就倾向于减排，而当边际减排成本高于排污费时，企业就倾向于缴纳排污费。

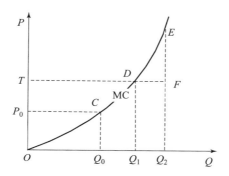

图 2 - 6　征收环保税的经济学分析

若政府以减排补贴形式而不是征收环保税来激励企业减少废气排放，则企业继续排污的机会成本就是政府提供的减排补贴。企业会在减排成本与减排补贴之间进行衡量。

图 2 - 7 所示描述了补贴对企业减排行为的影响。均衡价格 P_0 对应的均衡减排量为 Q_0。政府将单位减排的补贴定为 S，则此时对企业来说最优的减排量为 Q_1。当企业减排了 Q_1 的废气时，政府支

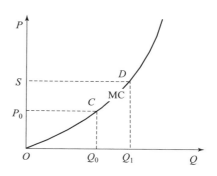

图 2 - 7　减排补贴的经济学分析

付补贴为 SQ_1，即图中矩形 $OSDQ_1$ 的面积，企业治理污染的成本支出为边际减排成本线、横轴和直线 DQ_1 围成的面积。企业的利润一部分来源于产品的供给以及废气的减排，减排废气带来的利润为边际减排成本线、纵轴和直线 SD 围成的面积。但是补贴产生的利润激励了更多企业进入该行业进行生产以获得减排补贴，越来越多的企业意味着产生了更多的大气污染物。综合以上分析，雾霾治理需要政府科学制定标准，实施激励相容的制度安排，从而改变企业的排污行为。

2.4　政府和企业之间雾霾治理博弈

雾霾治理除了考虑企业减排成本外，还需要考虑政府的监管成本。前文的经济学分析仅考虑了企业的减排成本，并在理性人假设下分析了企业的减排行为。企业减排行为除了受到价格因素影响外，还会受到规制部门监管的影响。雾霾治理本质上是一个政企博弈的过程。在这一过程中，博弈的参与人分别为政府、企业；政府的行动分别为严格监管和宽松监管，企业的行动分别为合规排放和违规排放。

假设政企双方都具有有限理性，信息是不完全的，即至少有一个参与人不知道其他参与人的支付函数。将政府分配给企业的废气排放限额记作 Q_0。政府监管成本为 C_g。环保税率为 t，企业排放 Q 数量废气，其中 Q 不超过 Q_0，需要缴纳的环保税 $T = Q \times t$。企业污染治理的成本为 $C_m(Q_0 - Q)$，治污成本函数是排放量的减函数，即排放量越大，则治理量越小，治理成本也就越高。废气减排越多，所缴纳的环保税越少，企业获得的这部分经济收益记为 $R_1(Q)$，废气减排带来的社会收益记为 $R_2(Q)$，R_1 和 R_2 是废气排放量 Q 的减函数。若企业违规排放，则可能会被发现而遭受到处罚，因处罚而付出的罚没成本为 C_p，同时因为偷排避免了缴税和治理费用，企业可以获得 $R_3(Q)$ 的收益。一般有 $R_3 > R_1$，即违规减排未被查处时获得的收益大于合规减排的收益，这就使得企业有违规的冲动。假设企业违规排放被发现的概率与政府是否严格监管有关，政府严格监管的概率为 x，宽松监管的概率为 $1 - x$，企业合规排放的概率为 y，违规排放的概率为 $1 - y$。其关系如表 2 - 1 所示。

表 2 - 1　政企博弈的支付矩阵

行动	政府严格监管 x	政府宽松监管 $1 - x$
企业合规减排 y	$R_1 - T - C_m$，$T + R_2 - C_g$	$R_1 - C_m$，R_2
企业违规减排 $1 - y$	$R_3 - C_p$，$C_p - C_g - R_2$	R_3，$-R_2$

政府选择严格监管的期望收益为：
$$U_{11} = yT + C_p + 2yR_2 - yC_p - C_g - R_2 \tag{2-1}$$
政府选择宽松监管的期望收益为：
$$U_{12} = 2yR_2 - R_2 \tag{2-2}$$
企业合规减排的期望收益为：

$$U_{21} = R_1 - C_m - xT \qquad (2-3)$$

企业违规减排的期望收益为：

$$U_{22} = R_3 - xC_p \qquad (2-4)$$

政府的平均期望收益为：

$$EU_1 = xU_{11} + (1-x)U_{12} = xyT + xC_p + 2yR_2 - xyC_p - xC_g - R_2 \qquad (2-5)$$

企业的平均期望收益为：

$$EU_2 = yU_{21} + (1-y)U_{22} = yR_1 + R_3 + xyC_p - yC_m - xyT - xC_p - R_3 \qquad (2-6)$$

政府严格监管的复制动态方程如下①，

$$\mathrm{d}x/\mathrm{d}t = f_1(x,y) = x(U_{11} - EU_1) = x(1-x)(U_{11} - U_{12})$$
$$= x(1-x)(yT + C_p - yC_p - C_g) \qquad (2-7)$$

企业合规减排的复制动态方程如下，

$$\mathrm{d}y/\mathrm{d}t = f_2(x,y) = y(U_{21} - EU_2) = y(1-y)(U_{21} - U_{22})$$
$$= y(1-y)(R_1 + xC_p - C_m - xT - R_3) \qquad (2-8)$$

复制动态方程（2-7）和复制动态方程（2-8）组成的方程组描述了博弈双方策略的演化过程。当某一策略的收益高于平均水平时，那么通过不断地模仿和学习，最终选择该策略的概率会增加。

通过求解方程组得到政府和企业废气排放博弈系统在平面 $S = \{(x,y) \mid 0 \leqslant x, y \leqslant 1\}$ 上共有五个复制动态均衡点，分别为 (0, 0)、(1, 0)、(1, 1)、(0, 1) 和 $[(C_m + R_3 - R_1)/(C_p - T), (C_p - C_g)/(C_p - T)]$，其中 $0 \leqslant (C_m + R_3 - R_1)/(C_p - T) \leqslant 1$，$0 \leqslant (C_p - C_g)/(C_p - T) \leqslant 1$。根据 Friedman（1991）的相关研究，演化系统均衡点的稳定性通过雅克比矩阵局部渐进稳定性分析法判定②。利用以下的雅可比矩阵能导出方程组稳定性演化策略。

---

① 复制动态是描述只有对优势策略简单模仿能力的、低理性层次有限理性博弈方动态策略调整的一种机制，其核心是在群体中较成功的策略采用的个体会逐渐增加。复制动态（replicator dynamics）的基本原理是：在由有限理性（理性程度可以很低）博弈方组成的群体中，结果比平均水平好的策略会逐步被更多博弈方采用，从而群体中采用各种策略的博弈方的比例会发生变化。

② Friedman D. Evolutional Games in Economies [J]. Econometry, 1991, 59 (3): 637-666.

$$
J = \frac{\partial(f_1, f_2)}{\partial(x, y)} = \begin{bmatrix} \dfrac{\partial f_1}{\partial x} & \dfrac{\partial f_1}{\partial y} \\[2mm] \dfrac{\partial f_2}{\partial x} & \dfrac{\partial f_2}{\partial y} \end{bmatrix}
$$

$$
= \begin{bmatrix} (1 - 2x)(yT + C_p - yC_p - C_g) & x(1 - x)(T - C_p) \\ y(1 - y)(C_p - T) & (1 - 2y)(R_1 + xC_p - C_m - xT - R_3) \end{bmatrix}
$$

$$
(2-9)
$$

Friedman 的理论表明，当均衡点的雅可比矩阵的行列式大于 0 且其迹小于 0 时，该点为系统演化动态过程中的局部渐进稳定不动点，对应演化稳定策略；当均衡点的雅可比矩阵的行列式大于 0 且其迹大于 0 时，该点为系统演化动态过程中的局部渐进的不稳定点；当均衡点的雅可比矩阵行列式不满足上述条件时，该点为演化博弈的鞍点。演化博弈稳定策略在稳定状态时还必须具有抗扰动能力，即满足 $\mathrm{d}x/\mathrm{d}t < 0$ 和 $\mathrm{d}y/\mathrm{d}t > 0$[①]。

分别分析五个复制动态均衡点的稳定性。当 $x = 0$，$y = 0$ 时，表示博弈结果为：政府宽松监管，企业违规减排。此时雅可比矩阵的行列式 $|J| = (C_p - C_g)(R_1 - C_m - R_3)$，迹 $\mathrm{tr}J = (C_p + R_1 - C_g - C_m - R_3)$。由于 $R_3 > R_1$，$C_m \geqslant 0$，所以当 $C_p < C_g$ 时，雅可比矩阵的行列式大于 0 而迹小于 0，该博弈结果为系统演化动态过程中的局部渐进稳定不动点。这意味着当企业违规排放时的罚没成本不足以弥补政府的监管成本时，大气污染治理会陷入政府宽松监管且企业违规减排的局面。结合 $\mathrm{d}x/\mathrm{d}t < 0$ 和 $\mathrm{d}y/\mathrm{d}t > 0$ 条件，进一步还有 $C_p > T$。综上，$T < C_p < C_g$。

当 $x = 0$，$y = 1$ 时，表示博弈结果为：政府宽松监管，企业合规减排。此时雅可比行列式 $|J| = (T - C_g)(C_m + R_3 - R_1)$，迹 $\mathrm{tr}J = (T + C_m + R_3 - C_g - R_1)$。当 $T > C_g$ 时，行列式大于 0，迹大于 0，此时博弈结果为系统演化动态过程中的局部渐进的不稳定点；当 $T \leqslant C_g$ 时，博弈结果为演化博弈的鞍点。这意味着现实中很难出现政府宽松监管且企业合规减排的稳定局面。

当 $x = 1$，$y = 0$ 时，表示博弈结果为：政府严格监管，企业违规减排。此时雅可比行列式 $|J| = (C_g - C_p)(R_1 + C_p - C_m - T - R_3)$，迹 $\mathrm{tr}J = (C_g + R_1 - C_p - C_m - R_3)$。当 $C_g < C_p < C_m + T - R_1 + R_3$ 时，行列式大于 0，迹小于 0，该博弈结果为系统演化动态过程中的局部渐进稳定不动点，即只要罚没成本，便可以弥补监管成本，但违规获得的收益足够大时，最终会陷

---

① 曹凌燕. 城市空气污染治理的演化博弈分析 [J]. 统计与决策，2018，34（20）：59-63.

入即便政府严格监管，企业依然会违规减排的局面。结合 $dx/dt < 0$ 和 $dy/dt > 0$ 条件，进一步还有 $C_p > T$。综上，$\max(T, C_g) < C_p < C_m + T - R_1 + R_3$。

当 $x = 1$，$y = 1$ 时，表示博弈结果为：政府严格监管，企业合规减排。此时雅可比行列式 $|\boldsymbol{J}| = (C_g - T)(C_m + T + R_3 - R_1 - C_p)$，迹 $\mathrm{tr}\boldsymbol{J} = (C_g + C_m + R_3 - R_1 - C_p)$，当 $C_g < T$ 且 $C_m + T - R_1 + R_3 < C_p$ 时，行列式大于 0，迹小于 0，该博弈结果为系统演化动态过程中的局部渐进稳定不动点，即只要税收可以弥补政府监管成本，且企业违规排放时的罚没成本足够高，博弈过程就会出现政府严格监管且企业合规减排的局面。

当 $x = (C_m + R_3 - R_1)/(C_p - T)$，$y = (C_p - C_g)/(C_p - T)$ 时，无论行列式如何取值，雅可比矩阵的迹恒等于 0，此时该点为演化博弈的鞍点。

通过以上分析可知，政府参与大气污染减排的关键是制定合适的税率和罚没金额，提高违规排放的成本。另外，尽管博弈支付矩阵中政府收益中考虑了减排的正外部性 R_2，但政企博弈结果的稳定性并不受 R_2 的影响，我们有必要将公众纳入减排的博弈中，将政府监管拓展为政府和社会共同监管。

第3章 中国雾霾污染的时空特征及溢出效应

3.1 雾霾污染的成因与现状

3.1.1 雾霾污染的成因概述

气象学中霾是一种天气现象，是指空气中的灰尘、硫酸盐、硝酸盐、铵盐、钠盐、有机碳氢化合物等大量极细微的干尘粒子浮游在空气中构成的气溶胶系统。根据我国气象局的相关定义可知，出现能见度差的天气，当相对湿度大于90%时属于"雾"，相对湿度小于70%时属于"霾"，能见度少于10公里①时属于灰霾现象，能见度在5~8公里时属于中度灰霾现象，能见度在3~5公里时属于重度灰霾现象，能见度小于3公里时属于严重的灰霾现象（陈艳楠，陈彦旭，2013）。

雾霾的主要成分为PM2.5。2013年2月，全国科学技术名词审定委员会将PM2.5的中文名称命名为细颗粒物。PM2.5主要来源于煤电和工业生产排放的废气、汽车排放的尾气。PM2.5中二次颗粒物所占比例较大，即一部分PM2.5是由污染源直接排出的一次颗粒物，而另外一部分则是由大量不同化学成分在大气中经过化学反应生成的二次颗粒物。

图3-1所示描述了人类活动对PM2.5的主要影响。由于工业活动主要发生在城市及城市周边，而每个城市的工业结构和人口数量有较大差异，所以各城市之间雾霾的构成存在一定差异。如对北京PM2.5来源解析结果显示，其中22%由机动车排放产生，17%由燃煤排放产生，16%由扬尘产生，16%由工业喷涂挥发产生，4.5%由农业养殖、秸秆焚烧产生，还有24.5%由天津、河北等周边地区PM2.5的漂移扩散产生。

为了找到根治雾霾的有效途径，学术界对雾霾产生的原因和机理做了大量的研究工作。NO_2、SO_2等污染物在一定条件下会产生以硫酸盐和硝

---

① 1公里 = 1 000 米。

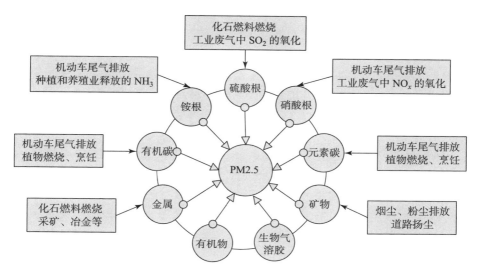

图 3 - 1　人类活动对 PM2.5 的影响

酸盐为主的二次气溶胶[①]。NO_2、SO_2 等污染物排放量大的地区，雾霾污染表现出自我加强的机制。在重度污染和轻度污染下，NO_x 向 NO_3^- 的转化率分别为 0.29 和 0.16，均大于一次污染源排放值 0.1[②]。重度污染期间 NO_x、SO_2 向 NO_3^-、SO_4^{2-} 的转换率平均为轻度污染的 1.26 倍和 1.81 倍[③]。对北京 PM2.5 的理化特性研究表明，硫酸盐、铵盐、有机碳形成的二次气溶胶浓度过高，再结合空气湿度大等因素，容易形成重雾霾天气[④]。南京地区首要大气污染物已经由可吸入颗粒物转变为以二次气溶胶污染为主的复合型污染[⑤]。唐山市在夏季和冬季的 PM2.5 中硫酸盐、硝酸盐和铵盐形成的二次污染物占比达到了 44.13% 和 53.56%，而在冬季外部 PM2.5

①　Zhang R, Jing J, Tao J, et al. Chemical characterization and source apportionment of PM2.5 in Beijing: seasonal perspective [J]. Atmospheric Chemistry & Physics, 2013, 13 (14): 7053 – 7074.

②　Wang Y, Zhuang G A, Yuan H, et al. The ion chemistry and the source of PM2.5 aerosol in Beijing [J]. Atmospheric Environment, 2005, 39 (21): 3771 – 3784.

③　刘兴瑞, 马嫣, 崔芬萍, 王振, 王利朋. 南京北郊一次重污染事件期间 PM2.5 理化特性及其对大气消光的影响 [J]. 环境化学, 2016, 35 (06): 1164 – 1171.

④　赵洪宇, 阮海卫, 史晨雪, 高戈武, 闫晨光, 舒新前. 北京市 PM2.5 理化特性及燃煤对大气污染的研究进展 [J]. 环境工程, 2015, 33 (12): 63 – 68.

⑤　Yang H, Yu J Z, Ho S H, et al. The chemical composition of inorganic and carbonaceous materials in PM 2.5, in Nanjing, China [J]. Atmospheric Environment, 2005, 39 (20): 3735 – 3749.

对本地雾霾天气贡献是夏季的两倍多[1]。在雾霾的时空分布研究方面，马晓倩（2016）通过分析京津冀雾霾的时空分布和相关性发现，该地区的西南部为雾霾重灾区，而冬季 PM2.5 又显著高于其他三个季度。王静（2015）等研究了上海市持续性雾霾天气过程的气象成因以及大气污染物的小尺度时间分布特征，发现 PM2.5、NO_2 和 SO_2 等污染物在 24 小时内的峰值时段并不相同。王雪青（2016）等的研究表明各地区雾霾前驱物排放绩效有地区收敛特征，西南、西北等地区的排放绩效较低。岳玎利（2015）等基于珠三角大气监测数据，发现硫酸盐、硝酸盐和铵盐占 PM2.5 质量浓度的平均比例高达 55.8%，体现了 NO_2 和 SO_2 等污染物二次转化对珠三角地区雾霾天气的重要影响。

　　研究大气污染物对雾霾天气的影响，将有助于人们尽早地对雾霾天气作出预警，更好地监测并预防雾霾灾害。学者已达成的共识表明，除了气象、地形等"天时""地利"自然因素外，汽车、工厂生产及居民生活排放的大气污染物已经成为雾霾天气产生的主要因素[2]。在研究雾霾天气的成因时，我们未对 PM2.5 气态前体物进行同期监测，难以揭示 PM2.5 的形成及变化规律[3]，而短时期对 PM2.5 及其气态前体物同期观测研究，由于样本较少，并不能全面反映 PM2.5 理化特性和成因的季节变化规律[4]。

3.1.2　雾霾污染现状

　　随着工业化和城市化进程的推进，国内城市重度雾霾天气经常见诸报端。中国已成为全球 PM2.5 污染高值区，约有 80% 的城市不能达到环境空气质量新标准[5]。《迈向环境可持续的未来——中华人民共和国国家环境分析》指出中国的雾霾污染每年造成的经济损失，基于疾病成本估算相当于国内生产总值的 1.2%，基于支付意愿估算则高达国内生产总值的 3.8%。国家环保部《2014 中国环境状况公报》显示，在全国开展空气质量新标准

---

①　温维，韩力慧，陈旭峰，程水源，张永林. 唐山市 PM2.5 理化特征及来源解析 [J]. 安全与环境学报，2015，15（02）：313 – 318.

②　张有贤，郑玉祥，王丹璐. 兰州市 PM2.5 无机化学组分特征及来源解析 [J]. 干旱区资源与环境，2017，31（08）：101 – 107.

③　王少毅，曾燕君，琚鸿，王新明. 广州地区秋冬季细颗粒物 PM2.5 化学组分分析 [J]. 环境监测管理与技术，2013，25（04）：9 – 12.

④　Hu M, Slanina Z W, Lin P, et al. Acidic gases, ammonia and water – soluble ions in PM2.5 at a coastal site in the Pearl River Delta, China [J]. Atmospheric Environment, 2008, 42 (25): 6310 – 6320.

⑤　曹军骥. 中国大气 PM2.5 污染的主要成因与控制对策 [J]. 科技导报，2016，34（20）：74 – 80.

监测的 161 个城市中，城市空气质量年均值达标率不足一成。最新的《2016 中国环境状况公报》显示，2016 年全国 338 个地级及以上城市中，254 个城市环境空气质量超标，占 75.1%。如何应对雾霾污染已经成为环保部门亟待解决的重大现实问题。但现有文献大多以典型城市作为研究对象，难以反映一个较大范围的整体环境水平。本章借鉴并拓展了已有研究在大空间尺度上研究的城市雾霾指标与其气态前体物的时空特征和关联度，以期为雾霾的防治提供科学依据。

在收集了 168 个城市大气污染物监测数据的基础上，我们分析了 2018 年我国雾霾及其气态前体物污染现状[①]。从表 3-1 可知，京津冀及周边地区、汾渭平原仍是我国雾霾污染较为严重的地区，空气质量较全国平均水平差，形成雾霾的气态前体物排放量大。根据世界卫生组织（WHO）2005 年《空气质量准则》，PM2.5 准则值年均值定为 $10\mu g/m^3$，按照这一标准全国各地区 PM2.5 仍然严重超标。中国于 2016 年实施《空气质量准则》，将 PM2.5 准则值年均值定为 $35\mu g/m^3$（世界卫生组织过渡期目标 1），按照这一标准，全国仅珠三角地区达标。从全国 168 个城市来看，仅拉萨的 PM2.5 年均浓度 $12.4\mu g/m^3$ 接近世界卫生组织的标准。按照国内 $35\mu g/m^3$ 的年均浓度标准，2018 年 168 个城市中达标率仅为 26.2%，这一比重与 2016 年相差不大，说明治理雾霾污染仍然任重而道远。

表 3-1 2018 年各地区城市大气污染物浓度均值[②]

区域	AQI	PM2.5	PM10	SO₂	CO	NO₂	O₃
全国	77.9	42.5	72.9	14.0	0.9	33.0	93.8
京津冀及周边	90.1	49.3	90.5	18.2	1.0	35.9	101.9
长三角	74.9	41.0	65.6	10.8	0.7	32.1	94.7
汾渭平原	90.1	50.3	91.2	21.9	1.1	39.8	96.4
成渝地区	69.2	38.9	61.7	9.6	0.7	30.4	82.8
长江中游	72.8	41.5	65.6	11.6	0.9	27.7	88.0
珠三角	61.8	29.5	46.4	8.5	0.7	32.1	89.4

注：数值单位为 $\mu g/m^3$（CO 为 mg/m^3），地区划分与中国生态环境部发布的《全国城市空气质量报告》一致。

---

① 本章所有数据均来源于 https://www.aqistudy.cn/historydata/，大部分城市的数据起始时间为 2013 年 12 月，极少部分城市的数据起始时间为 2014 年 12 月。在将数据合并成年度数据时，我们采用了 2015 年 1 月至 2018 年 12 月的整年度区间。

② 各地区涉及的具体城市名单见附录 1。

3.2　中国雾霾污染的时间特征

整理 2015—2018 年大气污染物浓度数据，我们按照年度统计了各地区雾霾污染物及其气态前体物的变化特征（表 3 - 2）。除臭氧以外，全国其他大气污染物指标相比 2015 年均出现了下降趋势。各个地区大气污染物指标的变化与全国的趋势相似。数据表明我国大气污染治理措施正在起到作用，然而 PM2.5 年均值与国际标准 $10\mu g/m^3$ 相比，仍然需要较长的时间才能达标。

表 3 - 2　2015—2018 年大气污染物年平均浓度比较

区域	年份	AQI	PM2.5	PM10	SO₂	CO	NO₂	O₃
全国	2015	91.6	59.4	99.1	29.5	1.2	35.7	86.4
	2016	90.1	55.4	94.4	26.0	1.1	36.8	91.7
	2017	90.0	50.6	85.7	20.8	1.1	38.1	98.9
	2018	77.9	42.5	72.9	14.0	0.9	33.0	93.8
京津冀及周边	2015	110.2	73.5	128.1	42.5	1.5	41.2	91.7
	2016	106.4	67.1	119.6	36.8	1.4	41.8	97.2
	2017	101.4	56.9	102.7	27.9	1.3	41.8	106.7
	2018	90.1	49.3	90.5	18.2	1.0	35.9	101.9
长三角	2015	84.2	53.3	82.8	22.7	1.0	34.5	88.9
	2016	81.5	48.6	77.5	20.1	0.9	36.1	93.5
	2017	86.3	47.7	77.4	15.7	0.9	37.3	103.1
	2018	74.9	41.0	65.6	10.8	0.7	32.1	94.7
汾渭平原	2015	93.1	60.6	108.8	41.5	1.7	35.8	76.9
	2016	107.6	67.1	121.7	42.5	1.6	39.6	89.8
	2017	111.3	62.9	109.7	38.3	1.5	44.6	102.0
	2018	90.1	50.3	91.2	21.9	1.1	39.8	96.4
成渝地区	2015	84.3	55.2	86.4	17.5	0.9	31.1	78.9
	2016	84.8	54.6	84.7	15.2	0.9	32.1	85.3
	2017	83.0	48.7	76.1	12.5	0.9	34.4	86.7
	2018	69.2	38.9	61.7	9.6	0.7	30.4	82.8

续表

区域	年份	AQI	PM2.5	PM10	SO₂	CO	NO₂	O₃
长江中游	2015	87.1	58.7	92.0	22.9	1.2	29.4	84.6
	2016	83.2	52.9	85.5	19.4	1.1	30.0	88.5
	2017	82.5	50.9	79.1	15.5	1.1	31.8	88.7
	2018	72.8	41.5	65.6	11.6	0.9	27.7	88.0
珠三角	2015	60.8	34.2	53.9	13.0	0.9	32.5	83.8
	2016	62.6	32.3	50.8	11.3	0.9	34.6	86.1
	2017	69.0	34.4	52.5	10.9	0.9	37.3	93.4
	2018	61.8	29.5	46.4	8.5	0.7	32.1	89.4

　　注：数值单位为 μg/m³（CO 为 mg/m³），地区划分与中国生态环境部发布的《全国城市空气质量报告》一致。

　　将 2015—2018 年全国 168 个城市 8064 组大气污染物浓度数据按照月度统计分析，我们可以得出我国大气污染物浓度的月度变化情况。从图 3-2 中可以看出，PM2.5、PM10、SO₂、CO 和 NO₂ 在 1—12 月的变化曲线呈"U 型"特征，即以上大气污染物浓度冬季高而夏季低，春秋季污染物浓度介于冬夏季浓度之间，表现出显著的对称性。而 O₃ 浓度的月度变化则恰好相反，呈现出"倒 U 型"特征。对比 O₃ 与其他大气污染物的月度分布可以推断出，这些污染物浓度的变化与人类生活、生产有很强的相关性。冬季燃煤取暖、燃煤发电等导致冬季 PM2.5、PM10、SO₂ 等大气污染物浓度偏高，而夏季在高温、日照充足的气象条件下氮氧化物更容易转化形成臭氧，因此 O₃ 浓度超标的情况主要发生在夏季。

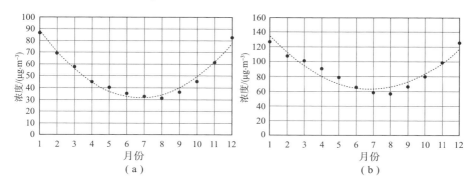

图 3-2　中国大气污染物浓度月度变化特征
（a）PM2.5；（b）PM10

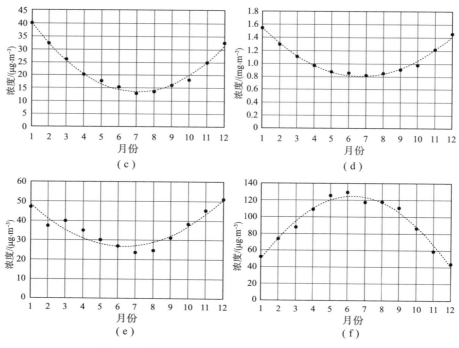

图 3-2 中国大气污染物浓度月度变化特征（续）

（c）SO_2；（d）CO；（e）NO_2；（f）O_3

为进一步分析不同地区大气污染物的时间变化特征是否存在差异，我们分地区制作了描述大气污染物月度分布特征的散点图。从图 3-3 至

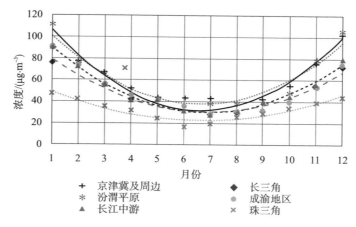

图 3-3 不同地区 PM2.5 浓度月度变化特征

图 3 - 8 中可以看出，各大气质量主要检测区域的污染物月度变化特征与全国大气污染物月度变化特征类似。从地区间 PM2.5 的月度变化来看，珠三角地区 PM2.5 各月份的浓度均低于其他五个地区，而汾渭平原以及京津冀及周边地区的 PM2.5 各月份浓度均偏高。

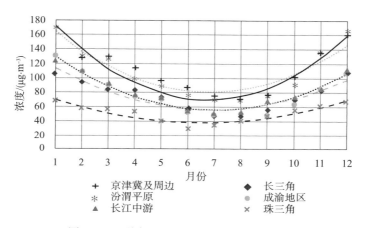

图 3 - 4　不同地区 PM10 浓度月度变化特征

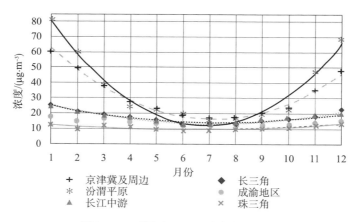

图 3 - 5　不同地区 SO_2 月度变化特征

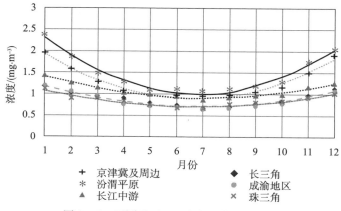

图 3 - 6   不同地区 CO 浓度月度变化特征

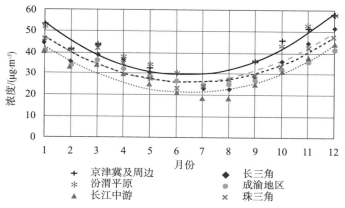

图 3 - 7   不同地区 NO_2 浓度月度变化特征

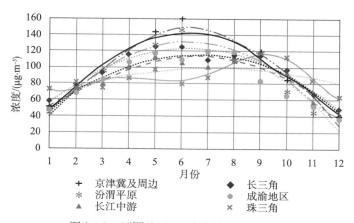

图 3 - 8   不同地区 O_3 浓度月度变化特征

图 3-3～图 3-8 的变化特征表明除珠三角地区的 O_3 浓度外，其他地区的大气污染物浓度变化都具有二次曲线特征。从地区间 PM10、SO_2 和 CO 的月度变化来看，珠三角地区 PM10、SO_2 和 CO 各月份的浓度均低于其他五个地区，而汾渭平原以及京津冀及周边地区的 PM10、SO_2 和 CO 各月份浓度均偏高。从 NO_2 的月度变化来看，长江中游地区 NO_2 的各月份的浓度均低于其他五个地区，而汾渭平原以及京津冀及周边地区的 NO_2 的各月份的浓度仍高于同期其他地区。从 O_3 浓度的月度变化来看，冬季汾渭平原以及京津冀及周边地区的 O_3 浓度低于其他地区，而夏季则高于其他地区。成渝地区 O_3 浓度的最高值一般出现在 7—8 月，长江中游 O_3 浓度的最高值一般出现在 8—9 月，而珠三角地区 O_3 浓度的最高值一般出现在 9—10 月。由以上分析可知，雾霾及其前体物在年度和月度变化上呈现了较强的规律性。同时，不同地区大气污染物的变化既存在相似之处，也具有一定的异质性，因此有必要进一步分析雾霾及其前体物的空间分布规律。

3.3　中国雾霾污染的空间特征

3.3.1　空间自相关统计量

PM2.5 主要来自人为排放，包括一次排放和二次转化生成。其中，一次排放主要来自燃烧过程及粉尘、扬尘，而二次转化是指由二氧化硫、氨、氮氧化物和挥发性有机物等气态前体物在大气中通过化学反应而生成（殷丽萍，2013）。除了以煤炭为主的能源结构和粗放型经济增长外，污染物的跨界传输也容易形成区域性雾霾污染（曹军骥，2016）。Moran 指数、Geary 指数以及 Getis - Ord 指数都可以较好地刻画污染物的空间关联特征。由城市的纬度和经度计算出样本城市的空间权重矩阵，其中矩阵的行经过归一化处理，即行和等于 1。我们利用该矩阵和大气污染物浓度数据分析了 2018 年各地区雾霾及气态前体物浓度的空间自相关特征。Moran 指数是最常用的度量空间自相关性指标，该指数由式（3-1）给出（Moran，1950）：

$$I = \frac{\sum_{i=1}^{n} \sum_{j=1}^{n} w_{ij}(x_i - \bar{x})(x_j - \bar{x})}{S^2 \sum_{i=1}^{n} \sum_{j=1}^{n} w_{ij}} \tag{3-1}$$

该公式中 S 为样本的标准差，w_{ij} 为空间权重矩阵的 (i, j) 元素，其反映了区域 i 与区域 j 之间的距离远近。

Moran 指数统计量的原假设为"当 i 不等于 j 时，$cov(x_i, x_j) = 0$"。该假设成立时，Moran 指数期望值为 $E(I) = -1/(n-1)$；将 Moran 指数的方差记为 $var(I)$，则标准化的 Moran 指数服从渐进的标准正态分布。以上的 Moran 指数度量的是整个空间上序列 x 的集聚情况，也称为全局 Moran 指数。而式（3-2）则度量了区域 i 附近 x 的空间集聚特征，也称为局部 Moran 指数（Anselin，1995）。

$$I_i = \frac{(x_i - \bar{x})}{S^2} \sum_{j=1}^{n} w_{ij}(x_j - \bar{x}) \tag{3-2}$$

Anselin（1995）在 Cliff 和 Ord（1981）前期研究基础上推导出了 I_i 的期望值和方差，分别由以下公式给出：

$$E(I_i) = -w_i/(n-1) \tag{3-3}$$

式中，w_i 是权重矩阵的行和，对于标准化后的权重矩阵，w_i 的值等于 1。

$$var[I_i] = w_{i(2)}(n - b_2)/(n-1) + 2w_{i(kh)}(2b_2 - n)/$$
$$[(n-1)(n-2)] - w_i^2/(n-1)^2 \tag{3-4}$$

将 x 序列的二阶矩记作 m_2，四阶矩记作 m_4，则

$$b_2 = m_4/m_2^2, w_{i(2)} = \sum_{i \neq j} w_{ij}^2, 2w_{i(kh)} = \sum_{k \neq i} \sum_{h \neq i} w_{ik}w_{ih} \tag{3-5}$$

3.3.2 大气污染物空间自相关特征

按照以上的公式在 Matlab 上编制了函数代码（见附录 2）。其中全局 Moran 指数的标准差根据 Bootstrap 抽样计算得到。表 3-3、表 3-4 报告了雾霾和其他大气污染物空间自相关特征。在全国的空间尺度上，Moran 指数说明大气污染物存在显著的空间自相关。其中，PM2.5、PM10 和 O_3 等二次转化污染物的空间自相关性较高，而一次排放的 NO_2 等污染物的空间自相关性较低。

表 3-3　2018 年大气污染物 Moran 全局指数统计结果

大气污染物	I	期望值	Bootstrap 标准差	Z 值	P 值
PM2.5	0.667	-0.006	0.089	7.538	0.000
PM10	0.735	-0.006	0.063	11.737	0.000
SO_2	0.612	-0.006	0.117	5.297	0.000
CO	0.504	-0.006	0.110	4.634	0.000
NO_2	0.272	-0.006	0.119	2.342	0.010
O_3	0.658	-0.006	0.093	7.156	0.000

表 3 - 4　不同月度空间相关系数变化特征

月份	PM2.5	PM10	SO_2	CO	NO_2	O_3
1	0.630	0.673	0.662	0.552	0.265	0.331
2	0.473	0.626	0.639	0.505	0.160	0.150
3	0.642	0.721	0.571	0.483	0.220	0.412
4	0.427	0.489	0.328	0.288	0.201	0.609
5	0.581	0.711	0.391	0.326	0.285	0.730
6	0.654	0.764	0.366	0.330	0.274	0.839
7	0.713	0.680	0.091 *	0.381	0.140	0.717
8	0.676	0.672	0.167	0.423	0.237	0.679
9	0.579	0.676	0.303	0.378	0.355	0.712
10	0.601	0.696	0.438	0.307	0.456	0.787
11	0.655	0.670	0.634	0.515	0.453	0.604
12	0.672	0.753	0.711	0.552	0.484	0.331

注：以上标 * 的指数未通过显著性检验。

表 3 - 4 报告了 2018 年大气污染物在不同月份的空间相关特征。全国 O_3 浓度在冬季空间相关性会大幅下降，其他污染物浓度在 4 月时的空间相关性相对较低。结果表明空间关联特征在不同时间维度上也发生了变化。因此仅仅从时间或空间单一维度分析雾霾及其前体物的变化特征是不全面的。

表 3 - 5 报告了和周边邻近地区雾霾污染物具有显著空间相关的样本。结果表明我国近一半城市和邻近地区的雾霾污染存在显著的空间相关性。由于使用了年度数据，对月度数据的平均化会使得这种相关性下降，可以预期在月度或日度的时间尺度上这种相关特征会更显著。局部 Moran 值大部分为正值，说明这些城市 PM2.5 空间关联模式是"本地高污染 - 近邻高污染"模式或"本地低污染 - 近邻低污染"模式。乌鲁木齐 PM2.5 空间关联模式是"本地高污染 - 邻近低污染"模式。另外，出现负值的原因与城市间的空间距离也有关系。如果一个城市离其他城市太远，大气污染物浓度的空间关联也会更多地出现负相关。

表 3 – 5　2018 年 PM2.5 局部空间相关性统计结果

地区	城市	局部 Moran 值	期望值	标准误	Z 值	概率
京津冀及周边	石家庄	2.403	− 0.006	0.442	5.453	0.000
	邯郸	3.103	− 0.006	0.442	7.038	0.000
	邢台	2.915	− 0.006	0.402	7.268	0.000
	保定	0.901	− 0.006	0.371	2.444	0.007
	沧州	1.376	− 0.006	0.402	3.437	0.000
	衡水	2.501	− 0.006	0.402	6.237	0.000
	阳泉	0.549	− 0.006	0.402	1.381	0.084
	长治	0.399	− 0.006	0.307	1.316	0.094
	晋城	0.916	− 0.006	0.495	1.862	0.031
	济南	0.725	− 0.006	0.442	1.655	0.049
	淄博	0.555	− 0.006	0.402	1.395	0.082
	枣庄	0.752	− 0.006	0.402	1.885	0.030
	德州	1.053	− 0.006	0.442	2.397	0.008
	聊城	1.632	− 0.006	0.325	5.039	0.000
	滨州	0.802	− 0.006	0.371	2.179	0.015
	菏泽	1.395	− 0.006	0.442	3.173	0.001
	郑州	1.382	− 0.006	0.402	3.454	0.000
	开封	1.475	− 0.006	0.346	4.282	0.000
	平顶山	1.358	− 0.006	0.402	3.394	0.000
	安阳	2.512	− 0.006	0.495	5.084	0.000
	鹤壁	0.816	− 0.006	0.442	1.860	0.031
	新乡	1.095	− 0.006	0.442	2.492	0.006
	焦作	1.237	− 0.006	0.442	2.814	0.002
	濮阳	2.114	− 0.006	0.402	5.274	0.000
	许昌	1.389	− 0.006	0.442	3.158	0.001
	漯河	1.143	− 0.006	0.495	2.320	0.010
	南阳	0.796	− 0.006	0.402	1.995	0.023
	商丘	1.182	− 0.006	0.402	2.957	0.002

续表

地区	城市	局部 Moran 值	期望值	标准误	Z 值	概率
京津冀及周边	周口	0.931	−0.006	0.371	2.526	0.006
	驻马店	0.638	−0.006	0.371	1.736	0.041
	呼和浩特	1.351	−0.006	0.442	3.071	0.001
	包头	0.579	−0.006	0.402	1.454	0.073
长三角	上海	0.717	−0.006	0.371	1.949	0.026
	徐州	1.236	−0.006	0.495	2.507	0.006
	宁波	1.040	−0.006	0.442	2.369	0.009
	温州	2.088	−0.006	0.574	3.649	0.000
	金华	0.989	−0.006	0.442	2.252	0.012
	衢州	1.554	−0.006	0.442	3.531	0.000
	台州	1.961	−0.006	0.371	5.303	0.000
	丽水	1.758	−0.006	0.402	4.388	0.000
	舟山	1.771	−0.006	0.371	4.791	0.000
	淮北	1.076	−0.006	0.402	2.691	0.004
	黄山	0.742	−0.006	0.325	2.301	0.011
	阜阳	0.552	−0.006	0.371	1.505	0.066
	宿州	0.954	−0.006	0.371	2.589	0.005
	亳州	0.954	−0.006	0.442	2.174	0.015
汾渭平原	临汾	0.820	−0.006	0.346	2.387	0.008
	运城	0.769	−0.006	0.495	1.564	0.059
	洛阳	0.941	−0.006	0.371	2.553	0.005
	三门峡	0.622	−0.006	0.402	1.562	0.059
	西安	0.587	−0.006	0.442	1.344	0.090
	渭南	0.579	−0.006	0.402	1.456	0.073
成渝地区	遂宁	0.498	−0.006	0.371	1.360	0.087
	雅安	0.589	−0.006	0.371	1.604	0.054
长江中游	襄阳	0.714	−0.006	0.402	1.790	0.037
	南昌	1.339	−0.006	0.346	3.887	0.000
	新余	0.632	−0.006	0.402	1.587	0.056

续表

地区	城市	局部 Moran 值	期望值	标准误	Z 值	概率
珠三角	广州	0.727	−0.006	0.371	1.975	0.024
	深圳	2.778	−0.006	0.402	6.927	0.000
	珠海	2.739	−0.006	0.495	5.542	0.000
	佛山	1.066	−0.006	0.495	2.164	0.015
	江门	1.826	−0.006	0.442	4.148	0.000
	肇庆	0.694	−0.006	0.402	1.742	0.041
	惠州	1.630	−0.006	0.402	4.071	0.000
	东莞	1.173	−0.006	0.495	2.380	0.009
	中山	1.721	−0.006	0.402	4.296	0.000
其他地区	大连	0.507	−0.006	0.325	1.577	0.057
	长春	0.876	−0.006	0.495	1.780	0.038
	福州	2.577	−0.006	0.402	6.426	0.000
	厦门	2.865	−0.006	0.371	7.739	0.000
	南宁	1.300	−0.006	0.442	2.957	0.002
	海口	3.856	−0.006	0.346	11.164	0.000
	贵阳	0.778	−0.006	0.371	2.114	0.017
	昆明	2.128	−0.006	0.371	5.752	0.000
	拉萨	2.977	−0.006	0.442	6.754	0.000
	兰州	0.561	−0.006	0.442	1.284	0.099
	西宁	0.977	−0.006	0.402	2.445	0.007
	乌鲁木齐	−0.791	−0.006	0.442	−1.777	0.038

表 3 - 6 报告了雾霾污染空间相关性随距离的增加而呈现的变化特征。该变化特征符合"地理学第一定律"。概率值表明距离大约增加至 600 ~ 700 公里时两个城市间的雾霾污染浓度变化的相关性衰退为 0。

表 3 - 6 PM2.5 空间关联的距离衰减效应

距离	Moran 值	期望值	标准误	Z 值	概率值
(0 − 0.5]	0.600	−0.006	0.182	3.328	0.000
(0.5 − 1]	0.635	−0.006	0.086	7.476	0.000

续表

距离	Moran 值	期望值	标准误	Z 值	概率值
(1 - 1.5]	0.582	- 0.006	0.070	8.418	0.000
(1.5 - 2]	0.545	- 0.006	0.067	8.234	0.000
(2 - 2.5]	0.416	- 0.006	0.062	6.865	0.000
(2.5 - 3]	0.444	- 0.006	0.058	7.810	0.000
(3 - 3.5]	0.368	- 0.006	0.058	6.441	0.000
(3.5 - 4]	0.357	- 0.006	0.057	6.332	0.000
(4 - 4.5]	0.340	- 0.006	0.054	6.400	0.000
(4.5 - 5]	0.195	- 0.006	0.050	4.052	0.000
(5 - 5.5]	0.158	- 0.006	0.049	3.356	0.000
(5.5 - 6]	0.086	- 0.006	0.047	1.967	0.025
(6 - 6.5]	0.058	- 0.006	0.046	1.384	0.083
(6.5 - 7]	0.043	- 0.006	0.046	1.054	0.146

注：以上结果在 STATA15 上计算得到。

3.4　雾霾污染的趋势预测

本节主要讲动态空间面板模型预测。

3.4.1　模型构建

衡量雾霾污染的指标主要为 PM2.5。PM2.5 和 PM10 之间具有很强的相关性，但现有文献并不支持两者之间的因果关系，因此将 PM10 加入模型只会增加解释变量的共线性，而不能正确揭示气态前体物对雾霾天气的贡献。已有研究表明，气态前体物是导致雾霾污染的主要原因，这些污染物与来自附近城市和工业区的污染物叠加，形成雾霾污染比较严重的区域。将 PM2.5 指标作为因变量，将反映本地大气污染物排放的 SO_2、CO、NO_2 和 O_3 浓度，周边城市的雾霾水平，以及反映雾霾污染季节性变化的滞后项作为解释变量构建空间面板模型。将与 PM2.5 指标高度相关的空气质量指数 AQI 作为 PM2.5 的替代变量检验方程的稳定性。模型如下：

$$y_{it} = \alpha_i + \tau_t + \rho \sum_{j=1}^{168} w_{ij} y_{jt} + \sum_{k=1}^{4} \beta_k x_{it,k} + \sum_{m=1}^{l} \gamma_m u_{it-m} + \varepsilon_{it} \quad (3-6)$$

式中，y_{it} 表示城市 i 在第 t 期时 PM2.5 的浓度；y_{it-1} 表示城市 i 在第 $t-m$ 滞后期时 PM2.5 的浓度，该变量用以分析时间因素对雾霾浓度的影响；w_{ij}

为空间权重矩阵在第 i 行第 j 列的元素，用以反映城市 i 和 j 在空间上的远近，当 $j=i$ 时，$w_{ij}=0$；$x_{it,k}$ 表示城市 i 在第 t 期时第 k 种气态前体物的浓度；ε_{it} 表示模型的随机误差项。α_i 为非其他空间因素导致的雾霾浓度在不同城市之间的差异，这些因素可能包括其他未监测的城市大气污染物、地理条件等。τ_t 为其他时间因素导致的雾霾浓度在月度之间的差异，这些因素主要包括气候、环境、经济社会等因素的变化。α_i 和 τ_t 控制了不可观测因素对因变量的影响，降低了内生性的风险。参数 γ 衡量了雾霾污染的持续性，如果 γ 在统计上显著且 $0<\gamma<1$，则表明雾霾污染在时间上具有衰减的持续性；参数 ρ 衡量周边城市雾霾污染对本地雾霾浓度的影响，预期 $0<\rho<1$；β_k 衡量第 k 种气态前体物对雾霾浓度的影响，预期 $0<\beta_k<1$。当所有指标的量纲一致时，如果 ρ 显著大于 $\Sigma\beta_k$，则说明雾霾以输入型污染为主；如果 ρ 显著小于 $\Sigma\beta_k$，则说明雾霾以内生型污染为主；如果 ρ 在统计上等于 $\Sigma\beta_k$，则说明外部输入和内部排放共同主导了本地区的雾霾污染。

3.4.2　数据和参数估计

我们采用 2015 年 1 月至 2018 年 12 月的月度雾霾浓度数据估计模型参数，数据来源同上。图 3 - 9 至图 3 - 12 分别描述了 2015—2018 年全国 168 个样本城市雾霾浓度的 Moran 散点。从图中可以看出，大部分城市与周边城市雾霾浓度的空间关联模式为 "高污染 - 高污染" 或 "低污染 - 低污染"，即总体来看，存在正的空间自相关性。另外，由散点图对比可知，2015—2018 年全国雾霾浓度空间自相关性的变化不大。

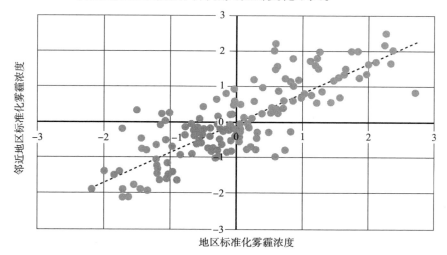

图 3 - 9　2015 年全国雾霾浓度的 Moran 散点

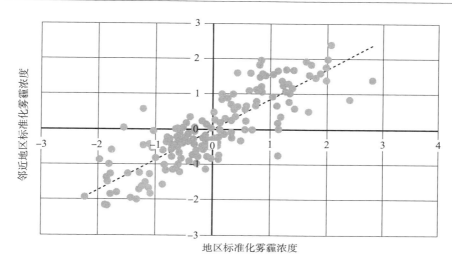

图 3 - 10　2016 年全国雾霾浓度的 Moran 散点

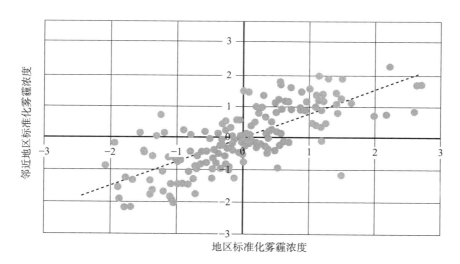

图 3 - 11　2017 年全国雾霾浓度的 Moran 散点

　　我们在 EViews11.0 和 Matlab 2015 平台上估计了模型参数。表 3 - 7 报告了模型参数的估计结果。t 值表明大部分参数至少在 10% 的水平上显著。对比混合面板模型、混合空间面板模型、时期固定效应模型、个体固定效应模型和双固定效应模型可知，混合面板模型未考虑雾霾污染的溢出效应，从而使得模型拟合优度较低，并且会高估本地气态前体物对雾霾的影响。混合空间面板模型考虑了雾霾的溢出效应，拟合优度较混合面板模型有所提升，但未控制雾霾污染的地区间差异，仍然会高估气态前体物对雾

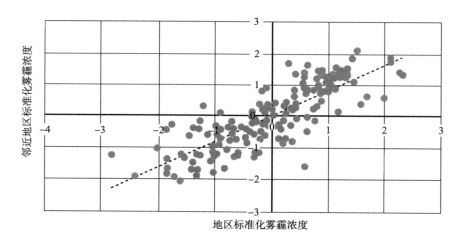

图 3 - 12　2018 年全国雾霾浓度的 Moran 散点

霾的影响。由于雾霾污染在空间上呈现较强的差异而在时间上更多地呈现出较强的趋同性和周期性，所以雾霾浓度在时间维度上的变化主要由自回归项控制，时期固定效应模型夸大了雾霾污染在时间维度上的差异，其拟合优度低于混合空间面板模型的拟合优度。双固定效应模型与时期固定效应模型存在相似的问题。对比以上模型的估计效果发现，个体固定效应模型对雾霾污染数据的解释效果最好。

在控制了时间维度的规律性变化以及污染的地区差异后，空间自相关系数为 0.881，说明各地区雾霾污染存在非常高的相关性。气态前体物前的系数表明，每立方米的 SO_2 浓度增加 1 微克，雾霾浓度便增加 0.042 微克；CO 浓度增加 1 毫克，雾霾浓度便增加 6.032 微克；NO_2 浓度增加 1 微克，雾霾浓度便增加 0.172 微克；O_3 浓度增加 1 微克，雾霾浓度便增加 0.025 微克。雾霾浓度与前一期雾霾浓度存在较强的正相关关系，而与滞后两期雾霾浓度存在较弱的负相关关系，如表 3 - 7 所示。

表 3 - 7　气态前体物与城市雾霾的关联模式

项目		混合面板	混合空间面板	时期固定效应	个体固定效应	双固定效应
滞后一期雾霾	参数	—	—	0.369	—	—
	t 值	—	—	42.689	—	—
滞后二期雾霾	参数	—	—	0.012	—	—
	t 值	—	—	1.753	—	—

续表

项目		混合面板	混合空间面板	时期固定效应	个体固定效应	双固定效应
周边雾霾	参数	—	0.815	0.593	0.881	0.712
	t 值	—	96.389	59.109	122.484	45.964
SO_2 浓度	参数	0.165	0.042	0.022	0.042	-0.005*
	t 值	11.088	4.123	2.581	4.056	-0.449
CO 浓度	参数	24.337	8.680	1.914	6.032	5.880
	t 值	37.402	18.529	6.437	13.309	10.558
NO_2 浓度	参数	0.811	0.303	0.188	0.172	0.349
	t 值	41.887	21.514	21.288	16.204	18.304
O_3 浓度	参数	-0.013	0.028	0.021	0.025	0.033
	t 值	-2.111	6.998	6.682	8.909	7.051
共同截距项	参数	-6.324	-13.594	-9.740	-9.333	-19.876
	t 值	-5.666	-18.064	-22.746	-16.367	-19.149
AR（1）	参数	0.695	0.681	—	0.560	0.310
	t 值	88.846	85.557	—	52.315	27.802
AR（2）	参数	—	—	—	-0.048	-0.051
	t 值	—	—	—	-4.666	-5.701
$N \times T$		7896	7896	7728	7728	7728
校正 R^2		0.808	0.912	0.891	0.948	0.908

注：＊表示参数未通过显著性检验。

　　在固定效应模型的基础上，我们进一步缩小空间尺度，在全国范围划分出若干个城市群，分析了雾霾污染在不同地区城市群间的异质性特征，如表 3 - 8 所示。

表 3 - 8　各地区气态前体物与城市雾霾的关联模式

项目		京津冀	长三角	汾渭平原	成渝地区	长江中游	珠三角
周边雾霾	参数	0.852	0.906	0.720	0.882	0.965	0.789
	t 值	64.007	69.318	21.443	39.565	53.304	36.555
SO_2 浓度	参数	0.029	0.068	0.053	0.026*	0.030*	0.201
	t 值	1.763	2.064	1.832	0.363	0.615	3.247

续表

项目		京津冀	长三角	汾渭平原	成渝地区	长江中游	珠三角
CO 浓度	参数	7.375	5.205	10.522	11.287	2.536	2.457
	t 值	10.072	5.514	5.325	5.407	2.107	1.778
NO_2 浓度	参数	0.221	0.081	0.451	0.249	0.083	0.153
	t 值	8.654	4.533	6.297	4.606	2.249	6.683
O_3 浓度	参数	0.029	0.011	0.068	0.026	0.002*	0.022
	t 值	4.873	2.145	3.397	2.436	0.199	4.002
共同截距项	参数	-12.595	-5.160	-24.377	-13.675	-3.870	-4.731
	t 值	-9.633	-5.311	-5.827	-6.075	-2.400	-4.562
AR (1)	参数	0.563	0.546	0.702	0.556	0.500	0.326
	t 值	28.190	28.872	15.753	14.742	15.776	6.897
AR (2)	参数	-0.081	—	-0.128	0.071	0.053	0.141
	t 值	-4.134	—	-2.895	1.949	1.794	3.084
$N \times T$		2484	1927	506	736	1012	414
校正 R^2		0.944	0.950	0.914	0.935	0.938	0.963

我们的模型假设气态前体物及其他自变量对雾霾污染的影响是线性的,而现实可能存在更复杂的机制,比如存在非线性影响。尽管忽视了非线性项之后模型拟合优度依然达到了0.9以上,但是会存在残差项与某些自变量相关的风险。残差项与某些自变量相关时,随机效应模型估计结果是有偏的,而固定效应模型的估计结果是无偏的。此时,固定效应模型的估计结果优于随机效应模型。在表3-7的基础上,我们进一步采用固定效应模型研究了不同地区气态前体物与城市雾霾的关联模式,如表3-8则报告了模型参数的估计结果。t值表明大部分参数至少在10%的水平上显著。估计结果表明,输入型污染仍然是各地区城市雾霾污染的主要原因之一,但受周边污染影响强度并不相同,汾渭平原、珠三角等地受输入型污染影响强度低于长江流域地区。同时各地区雾霾污染仍存在明显的持续性,但污染持续性衰减速率并不相同。

由于不同地区大气环境条件存在一定的差异,所以不同地区的雾霾成因不尽相同。汾渭平原雾霾污染最主要的原因为本地硝酸盐、铵盐气态前体物 NO_2 的排放。每立方米的 NO_2 含量上升1微克,京津冀雾霾浓度约上升0.221 μg/m³,长三角地区雾霾浓度约上升0.081 μg/m³,汾渭平原地区

雾霾浓度约上升 $0.451\mu g/m^3$，成渝地区雾霾浓度约上升 $0.249\mu g/m^3$，长江中游地区雾霾浓度约上升 $0.083\mu g/m^3$，珠三角雾霾浓度约上升 $0.153\mu g/m^3$。成渝地区和长江中下游城市群 SO_2 对城市雾霾的影响不显著，而珠三角等地区 SO_2 对城市雾霾具有显著影响。城市周边雾霾浓度上升 $1\mu g/m^3$，京津冀雾霾浓度约上升 $0.852\mu g/m^3$、长三角雾霾浓度约上升 $0.906\mu g/m^3$、汾渭平原城市雾霾浓度约上升 $0.720\mu g/m^3$，长江中游城市雾霾浓度约上升 $0.965\mu g/m^3$，成渝地区雾霾浓度约上升 $0.882\mu g/m^3$，而珠三角雾霾浓度约上升 $0.789\mu g/m^3$。在京津冀、长三角、汾渭平原、成渝地区和珠三角地区，臭氧浓度与雾霾存在正向关联，而长江中游地区臭氧浓度并没有影响到雾霾污染。

3.4.3 模型检验

表 3 - 9 报告了模型稳定性检验结果。我们通过对方程残差项单位根的检验可知，因变量为 PM2.5 的个体固定效应模型是稳定的。检验结果在 1% 的显著性水平下拒绝了 "存在共同单位根" "存在个体单位根" 的原假设。基于个体固定效应模型得到的结果和结论是可靠的。PM2.5 的个体固定效应模型估计结果显示，我国大部分城市的雾霾以周边输入型污染为主。在目前主要监测的大气污染物中，硝酸盐、铵盐的气态前体物 NO_2 对雾霾的贡献最大，其次为 SO_2、O_3 和 CO。同时，雾霾污染具有明显的持续性，但在其他污染因素得到控制后，这种污染的持续性会逐渐衰减。根据大气污染物浓度在时间维度上表现出的衰减特征，我们可以对污染物浓度未来的变化趋势作出判断，从而为大气污染的防治提供支撑。

表 3 - 9 模型稳定性检验结果

模型	原假设	统计量	统计值	概率	截面个体	观测值
全国	存在共同单位根	Levin，Lin & Chu t*	- 57.32	0	168	7392
	存在个体单位根	ADF - Fisher Chi - square	3782.47	0	168	7392
	存在个体单位根	PP - Fisher Chi - square	10917.10	0	168	7560
京津冀	存在共同单位根	Levin，Lin & Chu t*	- 46.59	0	54	2417
	存在个体单位根	ADF - Fisher Chi - square	2789.35	0	54	2417
	存在个体单位根	PP - Fisher Chi - square	3249.92	0	54	2430

模型	原假设	统计量	统计值	概率	截面个体	观测值
长三角	存在共同单位根	Levin, Lin & Chu t*	-43.76	0	41	1873
	存在个体单位根	ADF - Fisher Chi - square	2458.54	0	41	1873
	存在个体单位根	PP - Fisher Chi - square	2694.73	0	41	1886
汾渭平原	存在共同单位根	Levin, Lin & Chu t*	-19.20	0	11	492
	存在个体单位根	ADF - Fisher Chi - square	419.31	0	11	492
	存在个体单位根	PP - Fisher Chi - square	697.40	0	11	495
成渝地区	存在共同单位根	Levin, Lin & Chu t*	-25.98	0	16	719
	存在个体单位根	ADF - Fisher Chi - square	742.44	0	16	719
	存在个体单位根	PP - Fisher Chi - square	1182.81	0	16	720
长江中游	存在共同单位根	Levin, Lin & Chu t*	-29.51	0	22	990
	存在个体单位根	ADF - Fisher Chi - square	1016.95	0	22	990
	存在个体单位根	PP - Fisher Chi - square	1175.69	0	22	990
珠三角	存在共同单位根	Levin, Lin & Chu t*	-19.88	0	9	405
	存在个体单位根	ADF - Fisher Chi - square	554.82	0	9	405
	存在个体单位根	PP - Fisher Chi - square	580.08	0	9	405

表 3 - 10 报告了模型参数的 Wald 检验结果。结果表明汾渭平原地区的城市雾霾污染市内气态前体物排放和外部雾霾污染输入对该地区城市雾霾贡献几乎相等。而在其他几个地区的城市中，输入雾霾对城市雾霾的影响高于本地排放的气态前体物影响。

表 3 - 10　模型参数的 Wald 检验

区域	原假设	$\Sigma\beta_k$ 与 ρ 的差值	差值标准误	t 统计值	自由度	概率	结论
京津冀		0.566	0.036	15.647	2423	0.000	$\Sigma\beta_k < \rho$
长三角		0.742	0.038	19.293	1880	0.000	$\Sigma\beta_k < \rho$
汾渭平原	$\rho - \Sigma\beta_k = 0$	0.137	0.101	1.364	488	0.173	$\Sigma\beta_k = \rho$
成渝地区		0.570	0.089	6.384	713	0.000	$\Sigma\beta_k < \rho$
长江中游		0.847	0.064	13.260	983	0.000	$\Sigma\beta_k < \rho$
珠三角		0.410	0.067	6.135	398	0.000	$\Sigma\beta_k < \rho$

3.4.4 预测结果

以珠三角地区为例，根据式（3 - 7）~ 式（3 - 16）模拟该地区城市雾霾浓度的变化趋势。

$$y_{it} = \rho_1 w y_{it} + c_1 + \beta_{10,i} + \beta_{11} x_{1,it} + \beta_{12} x_{2,it} + \beta_{13} x_{3,it} + \beta_{14} x_{4,it} + u_{1,it} \tag{3 - 7}$$

$$u_{1,it} = \alpha_{11} u_{1,it-1} + \alpha_{12} u_{1,it-2} + \varepsilon_{1,it} \tag{3 - 8}$$

$$x_{1,it} = \rho_2 w x_{1,it} + c_2 + \alpha_{20,i} + u_{2,it} \tag{3 - 9}$$

$$u_{2,it} = \alpha_{21} u_{2,it-1} + \alpha_{22} u_{2,it-2} + \varepsilon_{2,it} \tag{3 - 10}$$

$$x_{2,it} = \rho_3 w x_{2,it} + c_3 + \alpha_{30,i} + u_{3,it} \tag{3 - 11}$$

$$u_{3,it} = \alpha_{31} u_{3,it-1} + \alpha_{32} u_{3,it-2} + \varepsilon_{3,it} \tag{3 - 12}$$

$$x_{3,it} = \rho_4 w x_{3,it} + c_4 + \alpha_{40,i} + u_{4,it} \tag{3 - 13}$$

$$u_{4,it} = \alpha_{41} u_{4,it-1} + \alpha_{42} u_{4,it-2} + \varepsilon_{4,it} \tag{3 - 14}$$

$$x_{4,it} = \rho_5 w x_{4,it} + c_5 + \alpha_{50,i} + u_{5,it} \tag{3 - 15}$$

$$u_{5,it} = \alpha_{51} u_{5,it-1} + \alpha_{52} u_{5,it-2} + \varepsilon_{5,it} \tag{3 - 16}$$

式中，x_1 表示 SO_2；x_2 表示 CO；x_3 表示 NO_2；x_4 表示 O_3。

用 y、u_1、u_2、u_3、u_4 和 u_5 的大写黑斜体表示变量的向量形式，则雾霾的预测方程最终的表达式由（3 - 17）给出，其中残差项 U_1、U_2、U_3、U_4 和 U_5 由式（3 - 8）、式（3 - 10）、式（3 - 12）、式（3 - 14）和式（3 - 16）给出。

$$Y_t = (I - \rho_1 W)^{-1} [c_1 + \beta_{10} + \beta_{11} (I - \rho_2 W)^{-1} (c_2 + \alpha_{20} + U_{2t}) +$$
$$\beta_{12} (I - \rho_3 W)^{-1} (c_3 + \alpha_{30} + U_{3t}) + \beta_{13} (I - \rho_4 W)^{-1} (c_4 + \alpha_{40} + U_{4t}) +$$
$$\beta_{14} (I - \rho_5 W)^{-1} (c_5 + \alpha_{50} + U_{5t}) + U_{1t}] \tag{3 - 17}$$

仍设定为个体固定效应模型并估计模型参数。在 EViews11.0 平台上估计了式（3 - 7）~ 式（3 - 16），表 3 - 11 报告了估计结果。

结合表 3 - 11 的估计结果，以式（3 - 17）为基础预测珠三角九座城市最终的 PM2.5 浓度均值。按照目前的时间演化路径，未来广州 PM2.5 浓度均值为 33.56μg/m³，深圳 PM2.5 浓度均值为 25.26μg/m³，珠海 PM2.5 浓度均值为 25.47μg/m³，佛山 PM2.5 浓度均值为 35.32μg/m³，江门 PM2.5 浓度均值为 30.74μg/m³，肇庆 PM2.5 浓度均值为 35.68μg/m³，惠州 PM2.5 浓度均值为 26.04μg/m³，东莞 PM2.5 浓度均值为 33.55μg/m³，中山 PM2.5 浓度均值为 28.81μg/m³。

表 3 - 11　珠三角城市群大气污染物空间面板模型估计结果

变量	PM2.5		SO_2		CO		NO_2		O_3	
	参数	t 值	参数	t 值	参数	t 值	参数	t 值	参数	t 值
空间滞后项	0.789	36.555	0.861	21.760	0.886	32.462	0.968	340.502	0.988	765.254
SO_2	0.201	3.247								
CO	2.457	1.778								
NO_2	0.153	6.683								
O_3	0.022	4.002								
C	−4.731	−4.562	1.469	3.329	0.086	3.689	0.278	2.602	1.236	9.880
AR（1）	0.326	6.897	0.542	13.534	0.576	15.364	0.515	12.440	0.526	12.795
AR（2）	0.141	3.084								
$N \times T$	414		423		423		423		423	
校正 R^2	0.962		0.800		0.891		0.998		0.999	

　　图 3 - 13 报告了式（3 - 17）的均衡值模拟结果。其中的趋势线显示经过连续 15 期的迭代模拟珠三角各地区最终的雾霾浓度将达到一个均衡状态。因此，为了达到世界卫生组织颁布的雾霾标准，广州、佛山、肇庆和东莞等地应加大治霾力度。

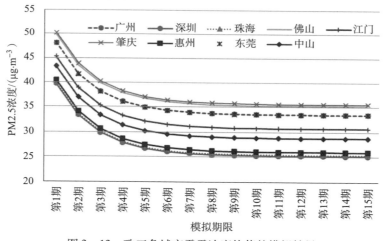

图 3 - 13　珠三角城市雾霾浓度均值的模拟结果

3.5　雾霾污染的溢出效应

　　用空间回归模型研究区域间大气污染复杂的依赖关系。参数估计包括了大量关于这些观察对象或地区之间关系的信息。一个地区某气态前体物浓度的改变会影响该地区雾霾浓度（直接效应），并且也会影响所有其他地区（间接效应），这种影响也被称为溢出效应（LeSage，2014）。

根据式（3 - 17），分别对各雾霾气态前体物浓度求偏导，得到如下等式：

$$\frac{\partial \boldsymbol{Y}_t}{\partial x_{1,t}} = \frac{\partial \boldsymbol{Y}_t}{\partial \boldsymbol{U}_{2t}}\frac{\partial \boldsymbol{U}_{2t}}{\partial x_{1,t}} = (\boldsymbol{I} - \rho_1 \boldsymbol{W})^{-1}\beta_{11} \qquad (3-18)$$

$$\frac{\partial \boldsymbol{Y}_t}{\partial x_{1,t-1}} = \frac{\partial \boldsymbol{Y}_t}{\partial \boldsymbol{U}_{2t}}\frac{\partial \boldsymbol{U}_{2t}}{\partial \boldsymbol{U}_{2t-1}}\frac{\partial \boldsymbol{U}_{2t-1}}{\partial x_{1,t-1}} + \frac{\partial \boldsymbol{Y}_t}{\partial \boldsymbol{U}_{1t}}\frac{\partial \boldsymbol{U}_{1t}}{\partial \boldsymbol{U}_{1t-1}}\Big(\frac{\partial \boldsymbol{U}_{1t-1}}{\partial \boldsymbol{Y}_{t-1}}\frac{\partial \boldsymbol{Y}_{t-1}}{\partial x_{1,t-1}} + \frac{\partial \boldsymbol{U}_{1t-1}}{\partial x_{1,t-1}}\Big)$$
$$= (\boldsymbol{I} - \rho_1 \boldsymbol{W})^{-1}\beta_{11}\alpha_{21} + \boldsymbol{I}\alpha_{11}\beta_{11} - (\boldsymbol{I} - \rho_1 \boldsymbol{W})^{-1}\alpha_{11}\beta_{11} \qquad (3-19)$$

$$\frac{\partial \boldsymbol{Y}_t}{\partial x_{1,t-2}} = \frac{\partial \boldsymbol{Y}_t}{\partial \boldsymbol{U}_{1t}}\frac{\partial \boldsymbol{U}_{1t}}{\partial \boldsymbol{U}_{1t-2}}\Big(\frac{\partial \boldsymbol{U}_{1t-2}}{\partial \boldsymbol{Y}_{t-2}}\frac{\partial \boldsymbol{Y}_{t-2}}{\partial x_{1,t-2}} + \frac{\partial \boldsymbol{U}_{1t-2}}{\partial x_{1,t-2}}\Big)$$
$$= \boldsymbol{I}\alpha_{12}\beta_{11} - (\boldsymbol{I} - \rho_1 \boldsymbol{W})^{-1}\alpha_{12}\beta_{11} \qquad (3-20)$$

排放 SO_2 的滞后效应（包括滞后直接效应和滞后溢出效应）可以表述为：

$$\frac{\partial \boldsymbol{Y}_t}{\partial x_{1,t-1}} + \frac{\partial \boldsymbol{Y}_t}{\partial x_{1,t-2}} \qquad (3-21)$$

排放 SO_2 会导致雾霾浓度发生如下变化：

$$\mathrm{d}\boldsymbol{Y}_t = \frac{\partial \boldsymbol{Y}_t}{\partial x_{1,t}}\mathrm{d}x_{1,t} + \frac{\partial \boldsymbol{Y}_t}{\partial x_{1,t-1}}\mathrm{d}x_{1,t-1} + \frac{\partial \boldsymbol{Y}_t}{\partial x_{1,t-2}}\mathrm{d}x_{1,t-2} \qquad (3-22)$$

其他气态前体物的偏微分可以作类似推导，得到如下等式：

$$\frac{\partial \boldsymbol{Y}_t}{\partial x_{2,t}} = \frac{\partial \boldsymbol{Y}_t}{\partial \boldsymbol{U}_{3t}}\frac{\partial \boldsymbol{U}_{3t}}{\partial x_{2,t}} = (\boldsymbol{I} - \rho_1 \boldsymbol{W})^{-1}\beta_{12} \qquad (3-23)$$

$$\frac{\partial \boldsymbol{Y}_t}{\partial x_{2,t-1}} = \frac{\partial \boldsymbol{Y}_t}{\partial \boldsymbol{U}_{3t}}\frac{\partial \boldsymbol{U}_{3t}}{\partial \boldsymbol{U}_{3t-1}}\frac{\partial \boldsymbol{U}_{3t-1}}{\partial x_{2,t-1}} + \frac{\partial \boldsymbol{Y}_t}{\partial \boldsymbol{U}_{1t}}\frac{\partial \boldsymbol{U}_{1t}}{\partial \boldsymbol{U}_{1t-1}}\Big(\frac{\partial \boldsymbol{U}_{1t-1}}{\partial \boldsymbol{Y}_{t-1}}\frac{\partial \boldsymbol{Y}_{t-1}}{\partial x_{2,t-1}} + \frac{\partial \boldsymbol{U}_{1t-1}}{\partial x_{2,t-1}}\Big)$$
$$= (\boldsymbol{I} - \rho_1 \boldsymbol{W})^{-1}\beta_{12}\alpha_{31} + \boldsymbol{I}\alpha_{11}\beta_{12} - (\boldsymbol{I} - \rho_1 \boldsymbol{W})^{-1}\alpha_{11}\beta_{12} \qquad (3-24)$$

$$\frac{\partial \boldsymbol{Y}_t}{\partial x_{2,t-2}} = \frac{\partial \boldsymbol{Y}_t}{\partial \boldsymbol{U}_{1t}}\frac{\partial \boldsymbol{U}_{1t}}{\partial \boldsymbol{U}_{1t-2}}\Big(\frac{\partial \boldsymbol{U}_{1t-2}}{\partial \boldsymbol{Y}_{t-2}}\frac{\partial \boldsymbol{Y}_{t-2}}{\partial x_{2,t-2}} + \frac{\partial \boldsymbol{U}_{1t-2}}{\partial x_{2,t-2}}\Big) = \boldsymbol{I}\alpha_{12}\beta_{12} - (\boldsymbol{I} - \rho_1 \boldsymbol{W})^{-1}\alpha_{12}\beta_{12}$$
$$(3-25)$$

$$\frac{\partial \boldsymbol{Y}_t}{\partial x_{3,t}} = \frac{\partial \boldsymbol{Y}_t}{\partial \boldsymbol{U}_{4t}}\frac{\partial \boldsymbol{U}_{4t}}{\partial x_{3,t}} = (\boldsymbol{I} - \rho_1 \boldsymbol{W})^{-1}\beta_{13} \qquad (3-26)$$

$$\frac{\partial \boldsymbol{Y}_t}{\partial x_{3,t-1}} = \frac{\partial \boldsymbol{Y}_t}{\partial \boldsymbol{U}_{4t}}\frac{\partial \boldsymbol{U}_{4t}}{\partial \boldsymbol{U}_{4t-1}}\frac{\partial \boldsymbol{U}_{4t-1}}{\partial x_{3,t-1}} + \frac{\partial \boldsymbol{Y}_t}{\partial \boldsymbol{U}_{1t}}\frac{\partial \boldsymbol{U}_{1t}}{\partial \boldsymbol{U}_{1t-1}}\Big(\frac{\partial \boldsymbol{U}_{1t-1}}{\partial \boldsymbol{Y}_{t-1}}\frac{\partial \boldsymbol{Y}_{t-1}}{\partial x_{3,t-1}} + \frac{\partial \boldsymbol{U}_{1t-1}}{\partial x_{3,t-1}}\Big)$$
$$= (\boldsymbol{I} - \rho_1 \boldsymbol{W})^{-1}\beta_{13}\alpha_{41} + \boldsymbol{I}\alpha_{11}\beta_{13} - (\boldsymbol{I} - \rho_1 \boldsymbol{W})^{-1}\alpha_{11}\beta_{13}$$
$$(3-27)$$

$$\frac{\partial \boldsymbol{Y}_t}{\partial x_{3,t-2}} = \frac{\partial \boldsymbol{Y}_t}{\partial \boldsymbol{U}_{1t}} \frac{\partial \boldsymbol{U}_{1t}}{\partial \boldsymbol{U}_{1t-2}} \left(\frac{\partial \boldsymbol{U}_{1t-2}}{\partial \boldsymbol{Y}_{t-2}} \frac{\partial \boldsymbol{Y}_{t-2}}{\partial x_{3,t-2}} + \frac{\partial \boldsymbol{U}_{1t-2}}{\partial x_{3,t-2}} \right)$$

$$= \boldsymbol{I}\alpha_{12}\beta_{13} - (\boldsymbol{I} - \rho_1\boldsymbol{W})^{-1}\alpha_{12}\beta_{13} \qquad (3-28)$$

$$\frac{\partial \boldsymbol{Y}_t}{\partial x_{4,t}} = \frac{\partial \boldsymbol{Y}_t}{\partial \boldsymbol{U}_{4t}} \frac{\partial \boldsymbol{U}_{4t}}{\partial x_{4,t}} = (\boldsymbol{I} - \rho_1\boldsymbol{W})^{-1}\beta_{14} \qquad (3-29)$$

$$\frac{\partial \boldsymbol{Y}_t}{\partial x_{4,t-1}} = \frac{\partial \boldsymbol{Y}_t}{\partial \boldsymbol{U}_{4t}} \frac{\partial \boldsymbol{U}_{4t}}{\partial \boldsymbol{U}_{4t-1}} \frac{\partial \boldsymbol{U}_{4t-1}}{\partial x_{4,t-1}} + \frac{\partial \boldsymbol{Y}_t}{\partial \boldsymbol{U}_{1t}} \frac{\partial \boldsymbol{U}_{1t}}{\partial \boldsymbol{U}_{1t-1}} \left(\frac{\partial \boldsymbol{U}_{1t-1}}{\partial \boldsymbol{Y}_{t-1}} \frac{\partial \boldsymbol{Y}_{t-1}}{\partial x_{4,t-1}} + \frac{\partial \boldsymbol{U}_{1t-1}}{\partial x_{4,t-1}} \right)$$

$$= (\boldsymbol{I} - \rho_1\boldsymbol{W})^{-1}\beta_{14}\alpha_{51} + \boldsymbol{I}\alpha_{11}\beta_{14} - (\boldsymbol{I} - \rho_1\boldsymbol{W})^{-1}\alpha_{11}\beta_{14} \qquad (3-30)$$

$$\frac{\partial \boldsymbol{Y}_t}{\partial x_{4,t-2}} = \frac{\partial \boldsymbol{Y}_t}{\partial \boldsymbol{U}_{1t}} \frac{\partial \boldsymbol{U}_{1t}}{\partial \boldsymbol{U}_{1t-2}} \left(\frac{\partial \boldsymbol{U}_{1t-2}}{\partial \boldsymbol{Y}_{t-2}} \frac{\partial \boldsymbol{Y}_{t-2}}{\partial x_{4,t-2}} + \frac{\partial \boldsymbol{U}_{1t-2}}{\partial x_{4,t-2}} \right) = \boldsymbol{I}\alpha_{12}\beta_{14} - (\boldsymbol{I} - \rho_1\boldsymbol{W})^{-1}\alpha_{12}\beta_{14}$$

$$(3-31)$$

以上公式均为向量表达式，偏导数既包含了直接效应，也包含了溢出效应。接下来根据式（3-18）~式（3-20），计算一个地区气态前体物变化引起的直接效应和溢出效应。以下仍以珠三角城市群为算例，如表3-12、表3-13所示。

表3-12　珠三角地区城市排放 SO_2 的当期溢出效应

项目	广州	深圳	珠海	佛山	江门	肇庆	惠州	东莞	中山
广州	0.297	0.068	0.043	0.097	0.068	0.079	0.079	0.097	0.123
深圳	0.085	0.289	0.087	0.053	0.061	0.036	0.092	0.113	0.138
珠海	0.071	0.116	0.267	0.067	0.116	0.047	0.047	0.067	0.154
佛山	0.122	0.053	0.050	0.286	0.113	0.098	0.041	0.058	0.133
江门	0.085	0.061	0.087	0.113	0.289	0.092	0.036	0.053	0.138
肇庆	0.132	0.048	0.047	0.130	0.123	0.272	0.041	0.055	0.104
惠州	0.132	0.123	0.047	0.055	0.048	0.041	0.272	0.130	0.104
东莞	0.122	0.113	0.050	0.058	0.053	0.041	0.098	0.286	0.133
中山	0.103	0.092	0.077	0.089	0.092	0.052	0.052	0.089	0.309
总效应	1.149	0.962	0.756	0.947	0.962	0.759	0.759	0.947	1.334
直接效应	0.297	0.289	0.267	0.286	0.289	0.272	0.272	0.286	0.309
溢出效应	0.852	0.673	0.489	0.661	0.673	0.487	0.487	0.661	1.025

表 3 - 13　珠三角地区城市排放 SO_2 的滞后溢出效应

项目	广州	深圳	珠海	佛山	江门	肇庆	惠州	东莞	中山
广州	0.116	0.005	0.003	0.007	0.005	0.006	0.006	0.007	0.009
深圳	0.006	0.116	0.007	0.004	0.005	0.003	0.007	0.008	0.010
珠海	0.005	0.009	0.114	0.005	0.009	0.004	0.004	0.005	0.012
佛山	0.009	0.004	0.004	0.115	0.008	0.007	0.003	0.004	0.010
江门	0.006	0.005	0.007	0.008	0.116	0.007	0.003	0.004	0.010
肇庆	0.010	0.004	0.004	0.010	0.009	0.114	0.003	0.004	0.008
惠州	0.010	0.009	0.004	0.004	0.004	0.003	0.114	0.010	0.008
东莞	0.009	0.008	0.004	0.004	0.004	0.003	0.007	0.115	0.010
中山	0.008	0.007	0.006	0.007	0.007	0.004	0.004	0.007	0.117
总效应	0.180	0.166	0.151	0.165	0.166	0.151	0.151	0.165	0.194
直接效应	0.116	0.116	0.114	0.115	0.116	0.114	0.114	0.115	0.117
溢出效应	0.064	0.050	0.037	0.050	0.050	0.037	0.037	0.050	0.077

　　表 3 - 12 和表 3 - 13 分别报告了当期的溢出效应和滞后产生的溢出效应。若广州 SO_2 浓度增加 $1\mu g/m^3$，其他城市 SO_2 浓度保持不变，则会直接导致广州当期雾霾浓度增加 $0.297\mu g/m^3$，之后还会持续使广州雾霾浓度增加 $0.116\mu g/m^3$，其溢出效应会导致周边雾霾当期增加 $0.852\mu g/m^3$，后续还会使周边雾霾增加 $0.064\mu g/m^3$。其他城市的数据可以作类似解释。比较而言，SO_2 浓度升高，当期产生的溢出效应大于直接效应，而后期产生的溢出效应小于直接效应。

　　其他诸如 CO 和 NO_2 等气态前体物的当期溢出效应和滞后溢出效应也可以按照式（3 - 23）～式（3 - 31）作类似仿真。根据珠三角城市间地理位置的远近（空间矩阵）以及城市和周边地区大气污染的空间相关性，珠海、惠州和肇庆的大气污染物溢出效应较低，而中山和广州的大气污染物溢出效应较高。

第4章 经济结构演进与雾霾污染的脱钩关系研究

根据现有文献资料对雾霾成因的研究结果，雾霾污染与人类活动高度相关。本章首先借助 LMDI 方法对雾霾污染的经济因素作了分解；其次运用脱钩理论分析了经济增长与雾霾的脱钩关系；然后使用库兹涅兹环境曲线理论和脱钩理论探讨了经济结构演进过程中雾霾污染的时间拐点，并对库兹涅兹环境曲线作了仿真模拟，讨论了产业结构、能源消耗和能源结构的变化对雾霾污染的影响；最后运用统计分析方法讨论了 2013 年以来实施的"大气十条"政策对大气污染的影响。

4.1 雾霾成因的经济驱动因素分解

目前大气污染物排放的驱动因素分解主要基于 Yoichi Kaya 提出的 Kaya 恒等式：

$$CO_2 = \frac{CO_2}{PE} \times \frac{PE}{GDP} \times \frac{GDP}{POP} \times POP \qquad (4-1)$$

式中，CO_2 表示二氧化碳排放量，该公式最初用来分解碳排放量驱动因素。PE 为一次能源消费量，GDP 为国内生产总值，POP 为总人口。

另外一个公式是由 Johan 提出的改进的 Kaya 恒等式：

$$C = \sum C_i = \sum \frac{C_i}{E_i} \times \frac{E_i}{E} \times \frac{E}{Y} \times \frac{Y}{P} \times P \qquad (4-2)$$

式中，C 表示 CO_2 排放量，C_i 为第 i 种能源消费排放的 CO_2 数量，E_i 为第 i 种能源消费量，E 为能源消费总量，Y 表示总收入，P 表示人口总数。式（4-2）等号右边第一项表示排放强度效应，第二项表示能源结构效应，第三项表示能耗效应，第四项表示经济效应，第五项表示人口效应。式（4-2）中没有包括产业结构效应，在此基础上将式（4-2）改进为如下公式，

$$C = \sum C_i = \sum \frac{C_i}{E_i} \times \frac{E_i}{E} \times \frac{E}{Y_i} \times \frac{Y_i}{Y} \times \frac{Y}{P} \times P \qquad (4-3)$$

将 CO_2 替换为雾霾，由式（4-3）可以将雾霾成因分解为多个经济驱

动因素。由于二氧化硫、氮氧化物以及可吸入颗粒物是雾霾的主要成分，在对雾霾成因分解时，有文献采用二氧化硫、氮氧化物以及烟（粉）尘等大气污染物替代雾霾污染，也有文献使用 PM10 替代 PM2.5。直接套用 Kaya 公式面临的主要问题在于 C_i 无法准确界定。因此本研究将以上公式作了如下修订：

$$C_t = \frac{C_t}{E_t} \times \frac{E_t}{Y_t} \times \frac{Y_t}{P_t} \times P_t \qquad (4-4)$$

由于相邻两期雾霾浓度的对数差分等于雾霾浓度的变化率，因此将该变化率分解为不同效应的变化率，即：

$$\ln \frac{C_t}{C_{t-1}} = \left(\ln \frac{C_t}{E_t} - \ln \frac{C_{t-1}}{E_{t-1}} \right) + \left(\ln \frac{E_t}{Y_t} - \ln \frac{E_{t-1}}{Y_{t-1}} \right) +$$
$$\left(\ln \frac{Y_t}{P_t} - \ln \frac{Y_{t-1}}{P_{t-1}} \right) + (\ln P_t - \ln P_{t-1}) \qquad (4-5)$$

在式（4-5）等号右边四个小括号中的项分别表示排放强度的变化（排放强度效应）、能耗变化（能耗效应）、经济平均水平的变化（经济效应）以及人口规模的变化（规模效应）。其中年度雾霾数据（附表 3-6）来源于吕磊磊（2019）的硕士学位论文，能源消费数据来源于相应年度的《中国能源统计年鉴》，地区生产总值和人口数来自相应年度的《中国统计年鉴》，地区生产总值以 2008 年为基期折算为实际地区生产总值。由于西藏及港澳台等地区部分指标缺失，故本章仅分析了 30 个省（市、区）的数据。表 4-1 报告了 2014—2017 年雾霾浓度的变化，表 4-2 报告了雾霾排放强度的变化，表 4-3 报告了能耗的变化，表 4-4 报告了经济平均水平的变化，表 4-5 报告了人口规模的变化。附表 3-1 ~ 附表 3-6 报告了本章所使用的主要原始数据。

表 4-1　2014—2017 年各地区雾霾浓度变化

年份	2014	2015	2016	2017	年份	2014	2015	2016	2017
北京	-0.0135	-0.0882	-0.1103	-0.2319	河南	-0.0166	-0.2748	-0.0935	-0.0837
天津	-0.0216	-0.2731	-0.0141	-0.0999	湖北	-0.0277	-0.3274	-0.1646	-0.0458
河北	-0.0204	-0.3165	-0.0935	-0.0706	湖南	-0.0269	-0.4312	-0.0855	-0.0295
山西	-0.0142	-0.3478	0.0635	0.0392	广东	-0.0282	-0.2914	-0.0700	0.0522
内蒙古	-0.0204	-0.3091	-0.1190	-0.0450	广西	-0.0350	-0.3142	-0.0829	0.0449
辽宁	-0.0224	-0.1447	-0.1744	-0.0533	海南	-0.0191	-0.3167	-0.0369	0.0054
吉林	-0.0265	-0.5121	0.0023	0.0116	重庆	-0.0206	-0.2205	-0.0370	-0.1771
黑龙江	-0.0292	-0.6915	-0.1099	0.0971	四川	-0.0243	-0.6964	0.0275	-0.1054

续表

年份	2014	2015	2016	2017	年份	2014	2015	2016	2017
上海	−0.0210	−0.1190	−0.1694	−0.1465	贵州	−0.0144	−0.4995	0.0700	−0.0827
江苏	−0.0239	−0.2295	−0.1240	−0.0325	云南	−0.0319	−0.3735	−0.0664	−0.0509
浙江	−0.0240	−0.2175	−0.1514	−0.0373	陕西	−0.0218	−0.6810	0.1314	−0.0102
安徽	−0.0301	−0.4381	−0.0370	0.0709	甘肃	−0.0196	−0.4667	−0.0472	−0.0576
福建	−0.0196	−0.2070	−0.0574	−0.0111	青海	−0.0228	−0.4738	−0.0806	−0.2024
江西	−0.0252	−0.4523	0.0277	0.0401	宁夏	0.0082	−0.1157	−0.0088	−0.0566
山东	−0.0194	−0.2679	−0.1030	−0.1262	新疆	−0.0137	−0.4802	0.1405	−0.0986

表 4 − 2　2014—2017 年各地区雾霾排放强度变化

年份	2014	2015	2016	2017	年份	2014	2015	2016	2017
北京	−0.0293	−0.0913	−0.1261	−0.2561	河南	−0.0604	−0.2865	−0.0916	−0.0762
天津	−0.0544	−0.2871	−0.0123	−0.0711	湖北	−0.0663	−0.3326	−0.1914	−0.0634
河北	−0.0088	−0.3190	−0.1070	−0.0903	湖南	−0.0532	−0.4410	−0.1069	−0.0524
山西	−0.0193	−0.3234	0.0627	0.0059	广东	−0.0665	−0.3098	−0.1058	0.0176
内蒙古	−0.0553	−0.3423	−0.1466	−0.0682	广西	−0.0796	−0.3397	−0.1163	0.0093
辽宁	−0.0262	−0.1384	−0.1446	−0.0780	海南	−0.0753	−0.3795	−0.0714	−0.0419
吉林	−0.0166	−0.4621	0.0182	0.0115	重庆	−0.0860	−0.2595	−0.0668	−0.2134
黑龙江	−0.0377	−0.7057	−0.1225	0.0765	四川	−0.0584	−0.6968	0.0039	−0.1302
上海	0.0023	−0.1459	−0.1976	−0.1590	贵州	−0.0576	−0.5239	0.0424	−0.1074
江苏	−0.0461	−0.2419	−0.1507	−0.0446	云南	−0.0692	−0.3641	−0.0949	−0.0909
浙江	−0.0339	−0.2583	−0.1848	−0.0738	陕西	−0.0778	−0.7240	0.0975	−0.0440
安徽	−0.0567	−0.4645	−0.0660	0.0431	甘肃	−0.0513	−0.4669	−0.0218	−0.0850
福建	−0.0986	−0.2128	−0.0719	−0.0533	青海	−0.0805	−0.5088	−0.0751	−0.2243
江西	−0.0857	−0.4990	−0.0081	0.0121	宁夏	−0.0259	−0.2045	−0.0428	−0.2054
山东	−0.0515	−0.3064	−0.1233	−0.1252	新疆	−0.1044	−0.5276	0.0997	−0.1633

表 4 − 3　2014—2017 年各地区能耗变化

年份	2014	2015	2016	2017	年份	2014	2015	2016	2017
北京	−0.0408	−0.0589	−0.0746	−0.0385	河南	−0.0252	−0.0268	−0.0776	−0.0808
天津	−0.0355	−0.0155	−0.0593	−0.0454	湖北	−0.0458	−0.0494	−0.0585	−0.0461
河北	−0.0365	0.0044	−0.0429	−0.0155	湖南	−0.0533	−0.0380	−0.0524	−0.0291
山西	0.0035	−0.0139	−0.0102	−0.1228	广东	−0.0287	−0.0300	−0.0542	−0.0475

续表

年份	2014	2015	2016	2017	年份	2014	2015	2016	2017
内蒙古	-0.0034	0.0417	0.0280	0.1600	广西	-0.0218	-0.0283	-0.0371	0.0472
辽宁	-0.0329	0.0081	0.2377	-0.0016	海南	-0.0306	0.0344	-0.0283	-0.0243
吉林	-0.0495	-0.0528	-0.0495	0.0096	重庆	-0.0313	-0.0403	-0.0814	-0.0345
黑龙江	-0.0202	0.0262	0.0057	0.0074	四川	-0.0291	-0.0325	-0.0541	-0.0742
上海	-0.0767	-0.0055	-0.0698	-0.0552	贵州	-0.0751	-0.0870	-0.0779	-0.0971
江苏	-0.0464	-0.0393	-0.0551	-0.0692	云南	-0.0236	-0.0554	-0.0449	-0.0461
浙江	-0.0382	-0.0058	-0.0427	-0.0320	陕西	-0.0216	0.0374	-0.0239	-0.0666
安徽	-0.0414	-0.0098	-0.0627	-0.0541	甘肃	-0.0293	0.0199	-0.0702	0.0118
福建	0.0005	-0.0543	-0.0770	-0.0536	青海	0.0013	0.0047	-0.0530	0.0264
江西	-0.0113	0.0042	-0.0454	-0.0296	宁夏	-0.0205	0.0472	-0.0346	0.0883
山东	-0.0292	0.0009	-0.0415	-0.0419	新疆	0.0030	0.0558	0.0283	-0.0357

表4-4　2014—2017年各地区经济平均水平变化

年份	2014	2015	2016	2017	年份	2014	2015	2016	2017
北京	0.0392	0.0533	0.0894	0.0637	河南	0.0665	0.0339	0.0703	0.0705
天津	0.0383	0.0099	0.0479	0.0198	湖北	0.0815	0.0484	0.0797	0.0609
河北	0.0179	-0.0074	0.0503	0.0285	湖南	0.0728	0.0411	0.0681	0.0465
山西	-0.0034	-0.0149	0.0062	0.1506	广东	0.0596	0.0369	0.0761	0.0668
内蒙古	0.0355	-0.0109	-0.0039	-0.1403	广西	0.0590	0.0450	0.0617	-0.0212
辽宁	0.0365	-0.0123	-0.2666	0.0283	海南	0.0780	0.0197	0.0562	0.0618
吉林	0.0392	0.0024	0.0409	-0.0036	重庆	0.0895	0.0706	0.1009	0.0621
黑龙江	0.0292	-0.0065	0.0104	0.0159	四川	0.0592	0.0251	0.0706	0.0942
上海	0.0489	0.0370	0.0958	0.0685	贵州	0.1166	0.1051	0.0985	0.1147
江苏	0.0660	0.0497	0.0789	0.0775	云南	0.0552	0.0401	0.0673	0.0799
浙江	0.0463	0.0409	0.0670	0.0566	陕西	0.0748	0.0009	0.0525	0.0946
安徽	0.0592	0.0262	0.0832	0.0723	甘肃	0.0576	-0.0232	0.0409	0.0095
福建	0.0700	0.0515	0.0824	0.0863	青海	0.0477	0.0218	0.0390	-0.0129
江西	0.0674	0.0372	0.0754	0.0510	宁夏	0.0424	0.0325	0.0582	0.0502
山东	0.0556	0.0317	0.0517	0.0350	新疆	0.0728	-0.0350	-0.0035	0.0810

表 4 - 5　2014—2017 年各地区人口规模变化

年份	2014	2015	2016	2017	年份	2014	2015	2016	2017
北京	0.0173	0.0088	0.0009	- 0.0009	河南	0.0024	0.0047	0.0055	0.0028
天津	0.0301	0.0196	0.0096	- 0.0032	湖北	0.0029	0.0062	0.0056	0.0029
河北	0.0069	0.0055	0.0060	0.0067	湖南	0.0069	0.0068	0.0057	0.0056
山西	0.0049	0.0044	0.0049	0.0054	广东	0.0075	0.0116	0.0137	0.0153
内蒙古	0.0028	0.0024	0.0036	0.0036	广西	0.0074	0.0088	0.0087	0.0097
辽宁	0.0002	- 0.0021	- 0.0009	- 0.0021	海南	0.0089	0.0088	0.0066	0.0098
吉林	0.0004	0.0004	- 0.0073	- 0.0059	重庆	0.0070	0.0087	0.0102	0.0088
黑龙江	- 0.0005	- 0.0055	- 0.0034	- 0.0026	四川	0.0041	0.0078	0.0070	0.0048
上海	0.0045	- 0.0045	0.0021	- 0.0008	贵州	0.0017	0.0063	0.0071	0.0070
江苏	0.0026	0.0020	0.0029	0.0037	云南	0.0057	0.0059	0.0061	0.0063
浙江	0.0018	0.0056	0.0092	0.0119	陕西	0.0029	0.0048	0.0053	0.0058
安徽	0.0088	0.0100	0.0084	0.0095	甘肃	0.0035	0.0035	0.0038	0.0061
福建	0.0084	0.0086	0.0091	0.0095	青海	0.0086	0.0085	0.0085	0.0084
江西	0.0044	0.0053	0.0057	0.0065	宁夏	0.0122	0.0090	0.0104	0.0103
山东	0.0057	0.0059	0.0101	0.0059	新疆	0.0149	0.0266	0.0160	0.0194

　　从表 4 - 1 的结果来看，2014—2017 年各地区雾霾浓度逐渐下降，而从表 4 - 2 ～表 4 - 5 因素分解的结果来看，大部分地区的雾霾排放强度和能耗也在逐渐下降，这两个因素对雾霾污染的降低起到了正向作用，而大部分地区经济平均水平和人口规模呈正向变化，其对雾霾污染的降低起到了负向作用。

　　从 2014—2017 年雾霾浓度的平均变化来看，所有地区的雾霾浓度都出现了下降，雾霾浓度平均下降最快的是四川省，而下降最慢的是宁夏回族自治区。从雾霾排放强度①的平均变化来看，山西省雾霾排放强度下降最慢，而青海省雾霾排放强度下降最快。从地区能耗的平均变化来看，内蒙古自治区和辽宁省的能耗不降反升，内蒙古能耗上涨最快，而贵州省能耗下降最快。从经济平均水平的变化来看，只有辽宁省和内蒙古的人均 GDP 出现了负增长，其中辽宁省下滑幅度最大，而贵州省人均 GDP 平均增长最

────────────

　　①　使用雾霾排放强度并不严谨，这里借鉴了关于二氧化碳排放的相关定义。只有一部分雾霾是由能源消耗后直接排放产生的一次污染物，还有一部分雾霾为二次污染物。但大部分雾霾都与能源消耗有关。

快。从人口数量的平均变化来看，全国仅东北三省 2014—2017 年的年均人口数量出现下降，新疆地区年均人口数量增长最快。综上可知，不同地区雾霾浓度下降的原因具有一定的差异。

4.2　雾霾脱钩与库兹涅兹环境曲线

4.2.1　经济增长与雾霾脱钩

脱钩是指在一定时期环境压力（资源消耗量或污染物排放量）的增长率小于经济驱动（一般用 GDP 表示）的增长率。欧盟委员会（2005）认为，脱钩就是阻断环境危害和经济财富之间的联系，或者说是打破环境压力与经济绩效之间的联系。资源环境领域的脱钩起源于德国 Weizsacker（1997）提出的资源利用效率"四倍数革命""十倍数革命"。测定脱钩状态、判断脱钩程度的方法主要包括变化量综合分析法、脱钩指数法、弹性分析法、完全分解技术、IPAT 模型、描述统计、计量分析和差分回归系数法等，其中更多的文献采用了脱钩指数法（钟太洋，黄贤金，2010）。

脱钩评价指标主要包括 OECD（2002）提出的脱钩因子法、Tapio 提出的弹性系数法（2005）以及陆忠武等（2011）基于 IGT 方程和 I_eGTX 方程提出的资源（排放）脱钩指数。

OECD（2002）提出的脱钩因子公式如下：

$$D_t = 1 - \frac{EP_t}{DF_t} \bigg/ \frac{EP_0}{DF_0} \qquad (4-6)$$

式中，第 t 期的脱钩因子记作 D_t，EP_t 和 EP_0 分别表示第 t 期和初期的环境压力，可以用资源消耗量或废物排放量来表示；DF_t 和 DF_0 分别表示第 t 期和初期的经济指标，常用的有 GDP。脱钩因子介于负无穷和 1 之间，脱钩因子小于等于 0，表明考察的指标之间处于非脱钩状态，而脱钩因子大于 0 并且小于等于 1 表明分析期内发生了脱钩。

Tapio（2005）弹性系数计算公式如下：

$$E = \frac{V_t - V_0}{V_0} \bigg/ \frac{GDP_t - GDP_0}{GDP_0} \qquad (4-7)$$

式中，E 为弹性系数，分子表示资源消耗或废物排放变化率，分母表示 GDP 变化率。根据弹性系数值，Tapio 将脱钩状态分为三类八种状态。表 4-6 给出了这八种状态的分类标准。

表 4 - 6　Tapio 脱钩状态的分类结果

项目		环境压力变化	经济指标变化	弹性
负脱钩	扩张负脱钩	>0	>0	$E > 1.2$
	强负脱钩	>0	<0	$E < 0$
	弱负脱钩	<0	<0	$0 < E < 0.8$
脱钩	弱脱钩	>0	>0	$0 < E < 0.8$
	强脱钩	<0	>0	$E < 0$
	衰退脱钩	<0	<0	$E > 1.2$
连接	增长连接	>0	>0	$0.8 < E < 1.2$
	衰退连接	<0	<0	$0.8 < E < 1.2$

资料来源：Tapio P. Towards a Theory of Decoupling：Degrees of Decoupling in the EU and the Case of Road Traffic in Finland Between 1970 and 2000 ［J］. Transport Policy，2005，12（2）：137 - 151.

陆忠武（2011）提出的排放脱钩指数如下：

$$D_e = \frac{t_e}{g} \times (1 + g) \tag{4 - 8}$$

式中，t_e 表示环境负荷的年均变化率，g 表示分析期内 GDP 的年均变化率，在经济增长的情况下，$D_e \geqslant 1$ 表示绝对脱钩，$0 < D_e < 1$ 表示相对脱钩，$D_e \leqslant 0$ 表示未脱钩；在经济下降的情况下，$D_e \leqslant 0$ 表示绝对脱钩，$0 < D_e < 1$ 表示相对脱钩，$D_e \geqslant 1$ 表示未脱钩[①]。

由于 Tapio 对脱钩的划分更加细致，故使用式（4 - 7）评价经济与雾霾脱钩状态，用雾霾浓度替代污染物排放量。表 4 - 7 报告了 2014—2017 年各地区经济增长与雾霾污染的脱钩关系。

表 4 - 7　各地区雾霾污染与经济增长的脱钩关系

地区	2014 年		2015 年		2016 年		2017 年	
	弹性	状态	弹性	状态	弹性	状态	弹性	状态
北京	- 0.230	强脱钩	- 1.318	强脱钩	- 1.105	强脱钩	- 3.195	强脱钩
天津	- 0.302	强脱钩	- 7.977	强脱钩	- 0.236	强脱钩	- 5.664	强脱钩
河北	- 0.804	强脱钩	143.758	衰退脱钩	- 1.539	强脱钩	- 1.904	强脱钩

---

① 陆忠武，王鹤鸣，岳强. 脱钩指数：资源消耗、废物排放与经济增长的定量表达 ［J］. 资源科学，2011，33（1）：2 - 9.

续表

地区	2014 年		2015 年		2016 年		2017 年	
	弹性	状态	弹性	状态	弹性	状态	弹性	状态
山西	− 8.856	强脱钩	27.997	衰退脱钩	5.901	扩张负脱钩	0.237	弱脱钩
内蒙古	− 0.517	强脱钩	31.474	衰退脱钩	310.834	衰退脱钩	0.344	弱负脱钩
辽宁	− 0.592	强脱钩	9.425	衰退脱钩	0.682	弱负脱钩	− 1.954	强脱钩
吉林	− 0.649	强脱钩	− 143.594	强脱钩	0.069	弱脱钩	− 1.239	强负脱钩
黑龙江	− 0.988	强脱钩	42.029	衰退脱钩	− 14.953	强脱钩	7.663	扩张负脱钩
上海	− 0.379	强脱钩	− 3.404	强脱钩	− 1.515	强脱钩	− 1.947	强脱钩
江苏	− 0.332	强脱钩	− 3.867	强脱钩	− 1.368	强脱钩	− 0.378	强脱钩
浙江	− 0.481	强脱钩	− 4.103	强脱钩	− 1.775	强脱钩	− 0.516	强脱钩
安徽	− 0.422	强脱钩	− 9.632	强脱钩	− 0.378	强脱钩	0.862	增长连接
福建	− 0.238	强脱钩	− 3.019	强脱钩	− 0.582	强脱钩	− 0.110	强脱钩
江西	− 0.335	强脱钩	− 8.393	强脱钩	0.332	弱脱钩	0.691	弱脱钩
山东	− 0.304	强脱钩	− 6.126	强脱钩	− 1.535	强脱钩	− 2.841	强脱钩
河南	− 0.231	强脱钩	− 6.109	强脱钩	− 1.134	强脱钩	− 1.055	强脱钩
湖北	− 0.311	强脱钩	− 4.981	强脱钩	− 1.703	强脱钩	− 0.679	强脱钩
湖南	− 0.320	强脱钩	− 7.142	强脱钩	− 1.069	强脱钩	− 0.543	强脱钩
广东	− 0.401	强脱钩	− 5.092	强脱钩	− 0.719	强脱钩	0.627	弱脱钩
广西	− 0.501	强脱钩	− 4.882	强脱钩	− 1.091	强脱钩	− 3.992	强负脱钩
海南	− 0.208	强脱钩	− 9.390	强脱钩	− 0.559	强脱钩	0.073	弱脱钩
重庆	− 0.201	强脱钩	− 2.399	强脱钩	− 0.309	强脱钩	− 2.209	强脱钩
四川	− 0.367	强脱钩	− 14.972	强脱钩	0.345	弱脱钩	− 0.961	强脱钩
贵州	− 0.114	强脱钩	− 3.339	强脱钩	0.652	弱脱钩	− 0.613	强脱钩
云南	− 0.500	强脱钩	− 6.621	强脱钩	− 0.844	强脱钩	− 0.552	强脱钩
西藏	0.047	弱脱钩	− 0.319	强脱钩	0.113	弱脱钩	− 2.540	强脱钩
陕西	− 0.266	强脱钩	− 86.807	强脱钩	2.360	扩张负脱钩	− 0.096	强脱钩
甘肃	− 0.308	强脱钩	19.077	衰退脱钩	− 1.008	强脱钩	− 3.559	强脱钩
青海	− 0.390	强脱钩	− 12.244	强脱钩	− 1.595	强脱钩	40.350	衰退脱钩
宁夏	0.147	弱脱钩	− 2.579	强脱钩	− 0.123	强脱钩	− 0.883	强脱钩
新疆	− 0.149	强脱钩	45.686	衰退脱钩	12.004	扩张负脱钩	− 0.889	强脱钩

表 4 - 7 的结果显示, 2014—2017 年大部分地区雾霾污染与经济增长呈现了强脱钩状态。但部分地区的脱钩状态是不稳定的, 特别是河北及周边地区的山西、内蒙古、辽宁、吉林和黑龙江等地区, 经济增长和雾霾污染脱钩趋势不明显。安徽在 2017 年由强脱钩状态转变为增长连接状态, 雾霾污染和经济增长之间产生了较强的联系, 经济增长的同时大气环境出现较大程度的恶化。江西、广东和海南在 2017 年由强脱钩状态转变为弱脱钩, 经济增长的同时大气环境出现小幅度恶化。广西在 2017 年由强脱钩状态转变为强负脱钩, 说明在经济增长乏力的情况下, 大气污染反而变得更加严重。青海在 2017 年由强脱钩状态转变为衰退脱钩, 说明大气环境好转的同时经济出现了衰退。其他如云南、贵州、四川、西藏、陕西、甘肃、青海和新疆等西南、西北等西部地区虽然在 2017 年呈现强脱钩状态, 但这些地区在 2014—2016 年仍出现了大气环境恶化或经济增长衰退的情况, 其脱钩状态也是不稳定的。总体来看, 使用较短的时间序列对脱钩趋势的把握未必可靠, 我们应进一步加强相关监测和分析。

4.2.2　雾霾库兹涅兹环境曲线

无论是 Kaya 分解还是脱钩研究, 均未回答产业结构和能源结构变化如何影响雾霾污染。本节采用空间计量模型进一步研究产业结构、能源结构与雾霾污染的关系。库兹涅兹环境曲线理论认为, 随着人均收入水平的提高, 环境先恶化, 然后随着经济发展会出现 “拐点”, 随着人均收入的进一步增加, 环境污染会逐渐得到改善。也有学者认为环境和经济增长是相互影响的, 表现为统计学上的格兰杰因果关系 (高纹, 杨昕, 2019; 王碧芳, 2013; 包群, 彭水军, 2006)。现有相关研究大多未考虑空间效应对因变量的影响。本章将雾霾浓度作为因变量, 将人均 GDP 作为内生变量, 将单位产值能耗、产业结构、能源结构作为外生变量。产业结构用工业产值占地区总产值比重表示, 能源结构由天然气消费占能源总消费量的比重表示。由此, 我们建立了如下联立方程模型:

$$z_{it} = c_i + \tau_t + \rho W z_{it} + \alpha_1 y_{it} + \alpha_2 y_{it}^2 + \sum \beta_i x_{it} + \varepsilon_{1it} \qquad (4-9)$$

$$y_{it} = a_i + b_t + \lambda W y_{it} + \gamma z_{it} + \sum \theta_i x_{it} + \varepsilon_{2it} \qquad (4-10)$$

式中, z_{it} 表示第 i 个地区第 t 期的雾霾浓度, 式 (4-9) 为扩展的库兹涅兹环境曲线, 表示雾霾浓度受到近邻地区雾霾浓度的影响, 同时和人均 GPD 呈现 “倒 U 型 (若 $\alpha_2 < 0$)” 或 “U 型 (若 $\alpha_2 > 0$)” 的关系; 雾霾浓度还受到经济结构 x 的影响, 其中 x_1 表示产业结构 (工业产值占 GDP 比重),

x_2 表示能源利用效率①（单位 GDP 的能耗），x_3 表示能源结构（天然气占能源总量的比重），ε_1 表示第一个方程的误差，c_i 和 τ_t 分别表示第一个方程中第 i 个地区和第 t 期特有的截距项。第二个方程表示雾霾污染对经济增长具有反作用，同时经济增长在地理上具有集聚效应，发达地区与发达地区相邻，欠发达地区与欠发达地区相邻。将经济结构变量加入式（4-10）中作为控制变量，ε_2 表示第一个方程的误差，a_i 和 b_t 分别表示第二个方程中第 i 个地区和第 t 期特有的截距项。

由于样本数据属于"短面板"数据，在估计参数时将方程设定为个体固定效应模型，并在估计参数时通过对数据的离差处理简化估计过程。由于两个方程等号右侧出现了内生变量，因此单方程估计方法可能无法得到参数的有效值。完全信息极大似然估计是一种基于联立方程模型的系统估计法。该方法根据已知样本观测值使得整个联立方程组的似然函数达到最大，从而得到所有结构参数的估计量。假设 $u_t = [\varepsilon_{1t}, \varepsilon_{2t}]$ 服从联合正态分布，方差矩阵为 $\boldsymbol{V}$。以上两个方程的联合极大似然函数可由以下方程推导得到。

$$f(u_t) = \left(\frac{1}{\sqrt{2\pi}}\right)^2 |\boldsymbol{V}|^{-1/2} \exp\left(-\frac{1}{2} u_t \boldsymbol{V}^{-1} u_t'\right) \qquad (4-11)$$

$$u_t = \boldsymbol{Y}_t \boldsymbol{B} + \boldsymbol{X}_t \boldsymbol{A} \Rightarrow \frac{\partial u_t}{\partial \boldsymbol{Y}_t} = \boldsymbol{B} \qquad (4-12)$$

$$f(\boldsymbol{Y}_t) = f(u_t)\left|\frac{\partial u_t}{\partial \boldsymbol{Y}_t}\right| = \left(\frac{1}{\sqrt{2\pi}}\right)^2 |\boldsymbol{V}|^{-1/2} \cdot$$

$$\exp\left[-\frac{1}{2}(\boldsymbol{Y}_t \boldsymbol{B} + \boldsymbol{X}_t \boldsymbol{A})\boldsymbol{V}^{-1}(\boldsymbol{Y}_t \boldsymbol{B} + \boldsymbol{X}_t \boldsymbol{A})'\right]|\boldsymbol{B}| \qquad (4-13)$$

极大似然函数表示如下：

$$\ln L = -\ln(2\pi) - 0.5\ln|\boldsymbol{V}| + \ln|\boldsymbol{B}| - \frac{1}{2T} \cdot$$

$$\sum_{t=1}^{T}(\boldsymbol{Y}_t \boldsymbol{B} + \boldsymbol{X}_t \boldsymbol{A})\boldsymbol{V}^{-1}(\boldsymbol{Y}_t \boldsymbol{B} + \boldsymbol{X}_t \boldsymbol{A})' \qquad (4-14)$$

在 EViews11.0 平台上估计所有参数。表 4-8 报告了参数估计结果。

---

① 单位 GDP 能耗是反映能源消费水平和节能降耗状况的主要指标，该指标说明一个国家经济活动中对能源的利用程度，反映经济结构和能源利用效率的变化。

表 4 – 8   库兹涅兹环境方程参数估计结果

变量	空间面板模型				面板模型			
	雾霾浓度方程		人均 GDP 方程		雾霾浓度方程		人均 GDP 方程	
	参数	t 值	参数	t 值	参数	t 值	参数	t 值
空间滞后项	0.689	76.532	0.835	9.310				
人均 GDP	0.613	1.943			– 5.688	– 2.740		
人均 GDP 平方	– 0.952	– 3.197			– 0.797	– 0.685		
雾霾浓度			– 0.011	– 2.111			– 0.031	– 7.155
产业结构	1.066	34.256	0.053	2.876	3.208	18.860	0.077	4.710
能源消耗	21.350	18.422	– 1.071	– 2.131	38.665	3.231	– 1.968	– 3.965
能源结构	– 0.122	– 1.759	0.065	2.909	– 0.196	– 0.426	0.059	2.868
R^2	0.840		0.807		0.744		0.450	
DW	2.362		1.864		1.588		1.377	
V 行列式	0.788				2.237			
对数似然函数	– 839.232				– 518.324			

由估计结果可知,面板模型遗漏了关键的空间滞后项,导致大部分解释变量的作用被高估;从判定系数来看,拟合效果较空间面板模型差,且遗漏变量导致了残差项存在自相关性。空间面板模型的估计效果更好。由模型估计结果可知,雾霾污染的库兹涅兹环境曲线呈"倒 U"型结构,根据离差变换后的数据测算拐点可知,若不考虑经济结构变量和相互作用,则该拐点出现在 0.322 处,如图 4 – 1 所示。在 2017 年大部分地区都已经跃过库兹涅兹拐点,但河北、内蒙古、辽宁、吉林、黑龙江、广西、甘肃、青海和新疆都低于这一临界值。这些地区经济与雾霾之间尚未脱钩。山西、安徽、江西、云南、宁夏基本处于拐点上,正在进入脱钩区间。图 4 – 2 报告了离差逆变换得到的各地区库兹涅兹环境曲线的人均 GDP 临界点。结合 2017 年各地区的人均 GDP 和图 4 – 2 中的临界点可知,我们对雾霾污染和经济增长脱钩关系的判断结果和图 4 – 1、图 4 – 2 得到的结果基本一致。

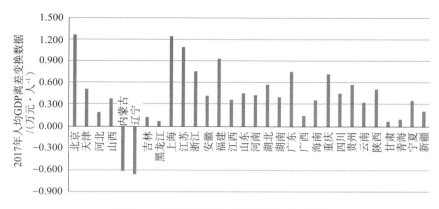

图 4 - 1　2017 年人均 GDP 离差变换结果

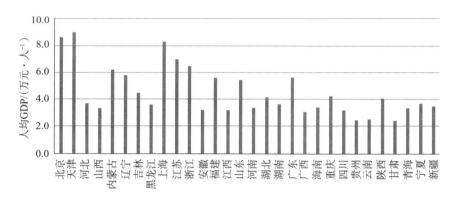

图 4 - 2　各地区人均 GDP 临界点

　　考虑到雾霾污染和经济增长的双向关系以及其他经济结构变量的影响，我们通过对联立方程的模拟仿真，模拟出在不同情景下雾霾浓度随经济结构演进的变化过程。以 2017 年各变量的取值为基线情景，情景 1：京津冀地区"煤改气"项目，天然气消费占能源总消费提升 1%，即北京从 28.030% 提升到 29.030%，天津从 12.635% 提升到 13.635%，河北从 3.867% 提升到 4.867%。情景 2：京津冀及周边高能耗地区①能耗下降 1%，河北每亿元 GDP 从消耗 1.108 万吨标煤下降至 1.097 万吨标煤，山西每亿元 GDP 从消耗 1.568 万吨标煤降至 1.553 万吨标煤，内蒙古从 1.539 万吨标煤降至 1.524 万吨标煤，辽宁从 1.144 万吨标煤降至 1.132 万

①　包括辽宁、河北、内蒙古和山西。

吨标煤。情景3：东部沿海工业发达省份①的工业向国外转移，该地区工业产值占比下降1%。情景4：中西部劳动力资源丰富地区②工业产值上升1%。表4-9报告了情景3和情景4工业结构的变化。表4-10和表4-11报告了在不同情景模拟下的雾霾浓度、人均GDP水平及其变化值。

表4-9　工业结构变化情景

基线情景：2017年工业产值占GDP比重/%								
天津	河北	辽宁	上海	江苏	浙江	福建	山东	广东
37.004	40.445	31.195	27.398	39.611	37.619	39.385	39.521	39.342
安徽	江西	河南	湖北	湖南	广西	重庆	四川	贵州
40.404	38.936	41.416	36.812	35.041	31.436	33.911	31.304	31.464

情景1：京津冀地区"煤改气"项目，天然气消费占能源总消费提升1%/%								
北京：28.030→29.030			天津：12.635→13.635			河北3.867→4.867		

情景2：京津冀及周边高能耗地区每亿元GDP能耗下降1%/万吨标煤								
河北：1.108→1.097		山西：1.568→1.553		内蒙古：1.539→1.524			辽宁：1.144→1.132	

情景3：东部沿海工业发达地区工业产值占GDP比重下降1%/%								
天津	河北	辽宁	上海	江苏	浙江	福建	山东	广东
36.634	40.04	30.883	27.124	39.215	37.242	38.991	39.126	38.949

情景4：中西部劳动力资源丰富地区工业产值占GDP比重上升1%/%								
安徽	江西	河南	湖北	湖南	广西	重庆	四川	贵州
40.808	39.325	41.83	37.18	35.391	31.75	34.25	31.617	31.779

表4-10　不同情景下各地区雾霾浓度和人均GDP模拟结果

地区	基线		情景1		情景2		情景3		情景4	
	z	y	z	y	z	y	z	y	z	y
北京	-13.822	0.966	-14.115	1.182	-14.075	0.992	-14.389	0.914	-13.732	0.982
天津	-16.106	0.789	-16.398	1.005	-16.359	0.815	-16.966	0.724	-16.016	0.806
河北	-14.247	0.446	-14.449	0.592	-14.728	0.483	-15.031	0.388	-14.075	0.469
山西	-15.234	0.374	-15.283	0.426	-15.802	0.414	-15.468	0.347	-14.993	0.403
内蒙古	-16.393	-0.774	-16.427	-0.733	-16.954	-0.734	-16.583	-0.797	-16.282	-0.755

①　这些地区包括辽宁、河北、天津、山东、上海、江苏、浙江、福建、广东。
②　这些地区包括贵州、广西、湖北、江西、湖南、安徽、重庆、四川、河南。

续表

地区	基线		情景 1		情景 2		情景 3		情景 4	
	z	y	z	y	z	y	z	y	z	y
辽宁	− 15. 759	− 0. 665	− 15. 819	− 0. 603	− 16. 317	− 0. 623	− 16. 364	− 0. 711	− 15. 681	− 0. 650
吉林	− 15. 556	− 0. 582	− 15. 582	− 0. 544	− 15. 883	− 0. 550	− 15. 770	− 0. 606	− 15. 499	− 0. 568
黑龙江	− 17. 870	− 0. 752	− 17. 891	− 0. 719	− 18. 176	− 0. 722	− 18. 010	− 0. 771	− 17. 813	− 0. 738
上海	− 12. 029	0. 715	− 12. 035	0. 728	− 12. 048	0. 720	− 12. 953	0. 642	− 11. 797	0. 748
江苏	− 11. 423	0. 856	− 11. 435	0. 875	− 11. 459	0. 862	− 12. 370	0. 783	− 11. 112	0. 893
浙江	− 11. 924	0. 560	− 11. 929	0. 572	− 11. 941	0. 565	− 12. 809	0. 492	− 11. 560	0. 602
安徽	− 12. 568	0. 615	− 12. 581	0. 635	− 12. 615	0. 622	− 12. 970	0. 573	− 11. 723	0. 681
福建	− 12. 128	0. 309	− 12. 130	0. 316	− 12. 138	0. 312	− 12. 997	0. 244	− 11. 742	0. 354
江西	− 11. 978	0. 391	− 11. 982	0. 400	− 11. 996	0. 395	− 12. 347	0. 352	− 11. 115	0. 460
山东	− 12. 088	0. 757	− 12. 134	0. 805	− 12. 213	0. 771	− 12. 927	0. 694	− 11. 726	0. 796
河南	− 13. 538	0. 684	− 13. 577	0. 726	− 13. 702	0. 701	− 13. 828	0. 652	− 12. 765	0. 743
湖北	− 12. 872	0. 601	− 12. 881	0. 616	− 12. 922	0. 608	− 13. 035	0. 578	− 11. 947	0. 673
湖南	− 13. 389	0. 421	− 13. 392	0. 429	− 13. 405	0. 425	− 13. 570	0. 399	− 12. 463	0. 496
广东	− 12. 001	0. 246	− 12. 003	0. 251	− 12. 009	0. 248	− 12. 708	0. 193	− 11. 546	0. 296
广西	− 15. 730	0. 135	− 15. 731	0. 140	− 15. 740	0. 138	− 15. 908	0. 114	− 14. 915	0. 204
海南	− 9. 696	− 0. 032	− 9. 697	− 0. 027	− 9. 702	− 0. 030	− 10. 183	− 0. 076	− 9. 382	0. 010
重庆	− 13. 348	0. 528	− 13. 353	0. 539	− 13. 387	0. 535	− 13. 426	0. 514	− 12. 471	0. 598
四川	− 19. 386	0. 268	− 19. 389	0. 278	− 19. 431	0. 276	− 19. 432	0. 258	− 18. 701	0. 325
贵州	− 15. 820	0. 555	− 15. 822	0. 562	− 15. 838	0. 560	− 15. 896	0. 542	− 14. 955	0. 626
云南	− 16. 996	0. 278	− 16. 998	0. 284	− 17. 013	0. 282	− 17. 065	0. 266	− 16. 454	0. 333
陕西	− 13. 758	0. 282	− 13. 772	0. 304	− 13. 908	0. 298	− 13. 856	0. 266	− 13. 418	0. 319
甘肃	− 16. 420	− 0. 180	− 16. 428	− 0. 164	− 16. 542	− 0. 166	− 16. 474	− 0. 191	− 16. 228	− 0. 154
青海	− 19. 775	− 0. 158	− 19. 778	− 0. 148	− 19. 827	− 0. 149	− 19. 804	− 0. 166	− 19. 540	− 0. 128
宁夏	− 9. 727	− 0. 445	− 9. 739	− 0. 423	− 9. 918	− 0. 425	− 9. 805	− 0. 459	− 9. 579	− 0. 422
新疆	− 13. 004	− 0. 237	− 13. 008	− 0. 225	− 13. 064	− 0. 227	− 13. 033	− 0. 245	− 12. 857	− 0. 213

注：表中数据为离差变换后的数据。

　　表 4 - 10 的结果显示，"煤改气"项目的实施和能耗的下降都能够在降低雾霾污染的同时提高人均 GDP 水平。东部地区工业比重的下降会使雾霾污染下降但同时也会导致当期人均 GDP 下降。中西部地区工业比重上升会使当期人均 GDP 上升的同时雾霾污染加剧。表 4 - 11 的结果表明，京津冀天然气消费占比提升 1% ，北京和天津的雾霾浓度下降约 0. 3μg/m³ ，河北的雾霾浓度下降约 0. 2μg/m³ ，其他地区的雾霾浓度也会下降，但下降幅度仅为京津冀地区下降幅度的 1/5 ~ 1/10 。京津冀天然气消费占比提升 1%

能够使北京和天津的人均 GDP 增加 0.216 万元，河北的人均 GDP 增加 0.146 万。河北、山西、内蒙古和辽宁能耗下降 1%，京津冀周边地区以及东北三省的雾霾浓度都会出现较大幅度的下降，同时这些地区的人均 GDP 会出现 0.026 万 ~0.042 万元的增加。东部沿海地区工业产值比重下降 1%，会使这些地区的雾霾浓度下降 $0.71 \sim 0.95 \mu g / m^{3}$，同时这些地区人均 GDP 当期会出现 0.05 万 ~0.07 万元幅度的下降。中西部地区工业产值比重上升 1%，会使这些地区的雾霾浓度上升 $0.69 \sim 0.93 \mu g / m^{3}$，同时这些地区人均 GDP 当期会出现 0.06 万 ~0.07 万元幅度的上升。

表 4-11　不同情景下各地区雾霾浓度和人均 GDP 变化

地区	情景 1		情景 2		情景 3		情景 4	
	z	y	z	y	z	y	z	y
北京	-0.292	0.216	-0.253	0.026	-0.566	-0.052	0.090	0.017
天津	-0.292	0.216	-0.253	0.026	-0.860	-0.065	0.090	0.017
河北	-0.202	0.146	-0.481	0.036	-0.784	-0.058	0.172	0.023
山西	-0.050	0.052	-0.568	0.040	-0.235	-0.027	0.240	0.029
内蒙古	-0.034	0.041	-0.562	0.040	-0.190	-0.023	0.110	0.019
辽宁	-0.060	0.062	-0.559	0.042	-0.605	-0.046	0.078	0.015
吉林	-0.026	0.038	-0.327	0.031	-0.215	-0.024	0.056	0.013
黑龙江	-0.021	0.033	-0.306	0.030	-0.139	-0.020	0.057	0.013
上海	-0.006	0.013	-0.018	0.004	-0.923	-0.073	0.232	0.033
江苏	-0.012	0.019	-0.036	0.006	-0.947	-0.073	0.310	0.037
浙江	-0.005	0.012	-0.018	0.004	-0.885	-0.069	0.363	0.042
安徽	-0.013	0.020	-0.047	0.007	-0.402	-0.042	0.845	0.066
福建	-0.002	0.007	-0.010	0.003	-0.870	-0.065	0.386	0.045
江西	-0.004	0.010	-0.017	0.004	-0.369	-0.038	0.864	0.069
山东	-0.046	0.048	-0.125	0.014	-0.839	-0.064	0.362	0.039
河南	-0.038	0.042	-0.164	0.017	-0.290	-0.032	0.773	0.059
湖北	-0.009	0.016	-0.050	0.008	-0.163	-0.023	0.925	0.072
湖南	-0.002	0.007	-0.016	0.004	-0.181	-0.023	0.926	0.074
广东	-0.002	0.006	-0.008	0.003	-0.707	-0.053	0.455	0.050

续表

地区	情景1		情景2		情景3		情景4	
	z	y	z	y	z	y	z	y
广西	− 0.001	0.005	− 0.010	0.003	− 0.178	− 0.021	0.816	0.069
海南	− 0.001	0.005	− 0.006	0.002	− 0.487	− 0.044	0.314	0.042
重庆	− 0.004	0.010	− 0.038	0.007	− 0.078	− 0.014	0.877	0.070
四川	− 0.004	0.010	− 0.046	0.007	− 0.047	− 0.011	0.685	0.057
贵州	− 0.002	0.007	− 0.018	0.004	− 0.076	− 0.014	0.865	0.071
云南	− 0.002	0.006	− 0.017	0.004	− 0.069	− 0.013	0.543	0.055
陕西	− 0.014	0.022	− 0.150	0.016	− 0.098	− 0.016	0.340	0.037
甘肃	− 0.008	0.016	− 0.122	0.014	− 0.054	− 0.011	0.192	0.026
青海	− 0.004	0.010	− 0.052	0.009	− 0.030	− 0.008	0.235	0.030
宁夏	− 0.013	0.022	− 0.191	0.020	− 0.079	− 0.014	0.147	0.023
新疆	− 0.004	0.011	− 0.060	0.010	− 0.029	− 0.008	0.147	0.023
合计	− 1.173	1.129	− 4.528	0.442	− 11.393	− 1.043	12.497	1.232
平均	− 0.039	0.038	− 0.151	0.015	− 0.380	− 0.035	0.417	0.041

从表 4－11 数据均值可知，在情景 1 下，京津冀实施"煤改气"项目，天然气消费占比提升 1% 时，当期会使全国雾霾浓度平均下降 0.039μg/m³，人均 GDP 平均增长 0.038 万元。在情景 2 下，辽宁、内蒙古、山西和河北的能耗下降 1% 时，当期会使各地区平均雾霾浓度下降 0.151μg/m³，在均衡状态下这一数值为 0.129μg/m³，人均 GDP 平均增长约 0.015 万元。在情景 3 和情景 4 下，当九个沿海工业发达地区工业产值占比下降 1% 时，各省雾霾浓度平均下降 0.380μg/m³，各省人均 GDP 平均下降 0.035 万元。当九个中部劳动力资源丰富的地区工业产值占比上升 1% 时，各省雾霾浓度平均上升 0.417μg/m³，各省人均 GDP 平均上升 0.041 万元。由此可知，工业结构调整对雾霾浓度的影响最大，但当东部工业向中西部转移时，其综合作用仅造成雾霾污染和人均 GDP 轻微的变化。结合图 4－3 和图 4－4 的动态模拟，长期来看东部工业向中西部转移时，除了使转出和转入地区雾霾浓度发生一定改变外，也会使其他地区带来的雾霾浓度产生一定的变化。但从模拟的均衡值来看，东部工业产值比重下降 1% 之后，从第 2 期开始所产生的人均 GDP 由负转正。综合来看，情景 3 和情景 4 每年带来的全国人均 GDP 平均增长约 0.185 万元。以上分

析表明，随着经济结构的演进，清洁能源占比会进一步提升、节能相关技术会进一步改进和应用，产业结构也会进一步优化，雾霾浓度将会逐渐降低。由此，我们建议从清洁能源项目、节能技术、产业布局等方面降低雾霾污染，如图 4-3、图 4-4 所示。

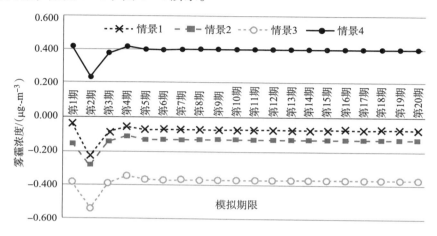

图 4-3　不同情景下雾霾浓度的时间变化

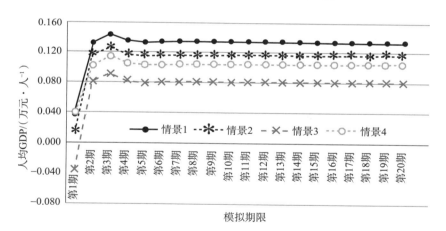

图 4-4　不同情景下人均 GDP 的时间变化

4.3　"大气十条"政策对大气污染的影响

2013 年 9 月国务院颁布了被称为"大气十条"的《大气污染防治行动计划》（国发〔2013〕37 号）。其防治目标为"经过五年努力，全国空气质量总体改善，重污染天气较大幅度减少；京津冀、长三角、珠三角等区域空气质量明显好转。力争再用五年或更长时间，逐步消除重污染天气，全国空气质量明显改善"。其具体指标为"到 2017 年，全国地级及以上城市可吸入颗粒物浓度比 2012 年下降 10% 以上，优良天数逐年提高；京津冀、长三角、珠三角等区域细颗粒物浓度分别下降 25%、20%、15% 左右，其中北京市细颗粒物年均浓度控制在 $60\mu g/m^3$ 左右"。这一被称为史上最严的大气环境规制自实施以来，已经达到了预期目标。根据人民网公布的信息，2017 年全国 338 个地级及以上城市 PM10 平均浓度比 2013 年下降 22.7%，京津冀、长三角、珠三角等重点区域 PM2.5 平均浓度比 2013 年分别下降 39.6%、34.3%、27.7%；北京市 PM2.5 平均浓度从 2013 年的 $89.5\mu g/m^3$ 降至 $58\mu g/m^3$。另外，2017 年全国 338 个地级及以上城市二氧化硫浓度较 2013 年下降 41.9%，74 个重点城市优良天数比例为 73.4%，比 2013 年上升 7.4 个百分点，重污染天数比 2013 年减少 51.8%。

尽管已经取得了明显的治理效果，但是大气雾霾浓度仍没有达到世界卫生组织 2005 年《空气质量准则》年均值 $10\mu g/m^3$ 或日均值 $25\mu g/m^3$ 的标准①。我国目前仍执行的是国家环保部 2012 年 3 月发布修订的《环境空气质量标准》，其中新国标规定居民区 PM2.5 年平均浓度不得超过 $35\mu g/m^3$，24 小时平均浓度不超过 $75\mu g/m^3$。显然新国标在 PM2.5 标准方面，仍然标准偏低。我国治霾之路仍然任重道远。在完成 2013—2017 阶段性治霾任务后亟须总结规律，为今后提升大气质量提供经验和教训。

4.3.1　政策实施前后大气污染治理的投资变化

首先将 2004—2017 年企业大气污染治理的投资以 1998 年为基期作相应折算，然后分析了各地区 2004—2017 年大气污染治理投资的趋势，最后对比了 2013 年前后大气污染治理的投资变化。表 4 - 12 报告了各地区部分年份大气污染治理的投资情况。大部分地区大气污染治理项目投资在 2013 年出现了较为显著的增加。但工业污染治理完成投资除了受到国家环境政策影响外，更主要的是由环境行业边际收益和边际成本共同决定的。当大气污染严重（大气污染物排放量大）或政府环境规制严格时，企业边际排放成本高，此时大气污染治理的边际收益高，而治理的边际成本随着治理量的增加而增加，因此企业愿意投入一定的资金治理一部分大气污染。当大气污染有所缓解（大气污染物排放量小）或政府环境规制不严格时，企

---

① 该准则指出"当 PM2.5 年均浓度达到每立方米 35 微克时，人的死亡风险比每立方米 10 微克的情形约增加 15%"。

业边际排放成本低，此时大气污染治理的边际收益也偏低，企业愿意投入的大气污染治理资金偏少。这可以解释2004—2017年大气污染治理项目投资完成额呈现较大波动的现象。2017年投资环境恶化，大部分地区企业投资在大气污染治理项目的额度出现了下滑。

表 4 - 12　各地区大气污染治理项目投资完成额

亿元

年份	2004	2005	2007	2009	2011	2013	2015	2017
北京	2.774	8.439	3.034	2.220	0.360	2.374	4.835	5.499
天津	4.186	9.709	6.090	6.607	3.751	5.639	15.038	4.172
河北	8.091	11.014	11.556	7.683	12.137	32.230	29.400	18.132
山西	11.609	11.179	22.593	18.770	10.662	28.990	10.918	28.677
内蒙古	2.257	1.278	10.401	10.079	16.039	33.559	25.136	17.524
辽宁	5.167	8.509	9.968	13.597	3.585	17.989	10.515	7.197
吉林	1.378	1.565	2.687	4.138	2.776	6.065	6.054	5.890
黑龙江	2.363	1.882	2.439	4.376	6.203	13.906	9.902	4.927
上海	2.401	5.158	13.160	3.427	3.974	1.405	5.189	8.915
江苏	11.467	26.835	30.809	8.888	10.427	33.703	28.491	15.709
浙江	4.180	6.323	6.071	9.418	5.157	23.690	27.353	16.912
安徽	1.580	1.588	4.293	5.563	2.290	15.163	9.463	13.804
福建	10.849	19.874	5.062	5.301	4.968	15.861	15.970	8.106
江西	3.366	2.469	5.075	1.315	1.456	7.830	5.653	5.073
山东	10.266	18.290	26.598	16.567	19.038	52.286	56.519	56.754
河南	5.688	6.685	16.326	5.083	11.162	25.218	16.359	18.955
湖北	2.907	3.749	8.156	17.784	2.976	15.641	8.388	8.349
湖南	4.222	8.442	3.855	4.715	2.339	10.099	8.577	4.356
广东	15.001	14.560	17.571	5.833	6.294	20.375	11.177	18.778
广西	0.806	5.418	8.967	2.376	2.654	8.047	13.209	2.989
海南	0.062	0.207	0.049	0.012	0.541	2.065	0.748	2.075
重庆	1.392	0.562	5.349	3.293	0.666	5.507	3.302	3.611
四川	10.179	11.066	7.062	2.552	6.238	10.406	3.177	5.769

续表

年份	2004	2005	2007	2009	2011	2013	2015	2017
贵州	1.994	2.714	1.737	3.189	4.889	12.322	6.432	2.149
云南	1.799	3.710	4.568	5.303	5.183	11.814	9.236	2.276
陕西	3.181	2.120	1.465	9.038	4.666	23.419	12.276	7.626
甘肃	2.414	4.640	4.056	4.124	5.112	9.540	1.587	2.091
青海	0.191	0.369	0.574	1.892	0.668	1.680	1.451	0.331
宁夏	3.035	0.940	1.715	2.419	1.486	9.534	5.533	4.595
新疆	2.089	0.929	2.282	9.045	4.651	11.467	9.034	5.289

4.3.2 政策实施前后能源结构变化

图 4-5 报告了 1978—2017 年我国能源消费总量的变化趋势。趋势线表明 1978 年至今能源消费量的走势可以划分为三个阶段：1978—1997 年为能源消费量缓慢增长阶段；1998—2013 年为能源消费量快速增长阶段；2014 年至今为能源消费量增速下降阶段。

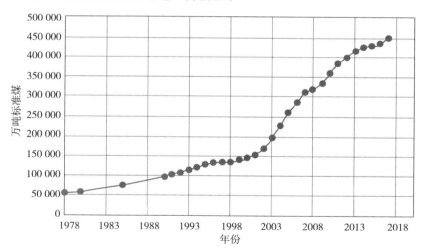

图 4-5　中国能源消费总量的变化趋势

图 4-6 报告了 1978—2017 年我国能源结构的变化趋势。1978 年至今我国煤炭消费占比变化可以划分为四个阶段：1978—1989 年为煤炭消费占比缓慢增加阶段；1990—2000 年为煤炭消费占比缓慢下降阶段；2001—2005 年为煤炭消费占比反弹阶段；2006 年至今为煤炭消费占比持续下降阶

段。石油消费占比的变化趋势与煤炭消费占比的变化趋势几乎相反，但变化相对缓慢。一次电力及其他能源①消费占比和天然气消费占比一直呈现上升的势头，并且 2006 年以后都出现了较为快速的增长。但比较而言一次电力及其能源消费占比增长更快，而目前天然气消费占比仍较低。能源消费结构与我国"富煤、贫油、少气"的现状相吻合。

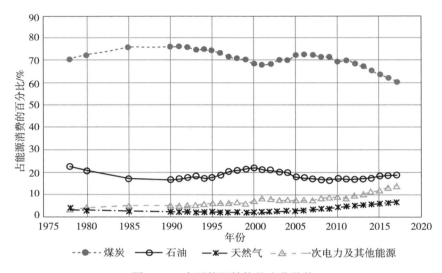

图 4 - 6   中国能源结构的变化趋势

表 4 - 13 报告了部分年份各地区天然气消费量占比②。结果显示大部分地区天然气消费占比呈逐年增加趋势，其中京津冀及周边地区、长三角地区增加较为明显。另外，海南、重庆、四川、陕西、青海和新疆等储气量丰富的地区天然气消费占比较高。

表 4 - 13   各地区天然气消费占能源总消费比重   %

年份	2005	2007	2009	2011	2013	2015	2017
北京	7.050	9.016	12.834	12.776	17.855	26.041	28.030
天津	2.669	3.507	3.748	4.160	5.826	9.411	12.635
河北	0.562	0.623	1.105	1.445	2.042	3.016	3.867
山西	0.320	0.574	1.073	2.118	2.772	4.069	4.537

①   一次电力包括由核能、水能、风能和太阳能等转化的电力。
②   参考《中国能源统计年鉴》天然气折标煤的系数为 1.1～1.33 千克标煤/立方米。本文将天然气折标煤系数用均值 1.215 替代。

年份	2005	2007	2009	2011	2013	2015	2017
内蒙古	0.800	2.531	3.507	2.648	2.990	2.513	3.175
辽宁	1.225	0.996	1.045	2.090	4.401	3.104	3.497
吉林	1.260	1.070	2.630	2.587	3.380	3.184	3.750
黑龙江	3.698	3.979	3.482	3.108	3.564	3.589	3.931
上海	2.736	3.455	3.929	5.976	7.806	8.260	8.527
江苏	0.979	2.629	3.251	4.128	5.178	6.631	9.188
浙江	0.227	1.512	1.506	2.991	3.697	4.978	6.062
安徽	0.158	0.632	1.334	2.315	2.888	3.432	4.130
福建	0.101	0.077	1.157	4.322	5.363	4.527	4.728
江西	0.031	0.250	0.539	1.112	2.152	2.594	2.935
山东	0.921	0.993	1.508	1.730	2.364	2.636	4.116
河南	1.970	2.257	2.553	2.896	4.424	4.132	5.511
湖北	0.754	0.884	1.464	1.826	2.473	2.982	3.539
湖南	0.133	0.657	0.932	1.153	1.667	2.082	2.027
广东	0.170	2.533	5.562	4.883	5.292	5.851	6.852
广西	0.273	0.266	0.208	0.357	0.607	1.042	1.630
海南	31.106	27.979	24.585	37.089	32.505	28.839	25.103
重庆	9.893	10.138	8.550	8.540	10.897	12.018	12.123
四川	9.624	9.957	9.453	9.628	9.379	10.446	11.578
贵州	1.028	0.812	0.671	0.638	1.100	1.627	2.055
云南	1.234	0.930	0.684	0.535	0.515	0.744	1.062
陕西	4.203	7.565	7.554	7.778	8.049	8.575	10.069
甘肃	2.676	3.090	2.755	2.965	3.873	4.206	4.660
青海	16.084	11.747	12.706	12.212	13.402	13.043	14.330
宁夏	3.210	3.585	4.296	5.229	4.973	4.642	4.170
新疆	12.458	12.899	10.967	11.631	11.356	11.322	8.729

4.3.3　政策前后产业结构变化

大气污染与工业生产密切相关。部分地区将治理雾霾与产业升级和产业转移结合起来，不断改造传统工业，降低工业产值特别是高能耗、高排放工业产值在 GDP 中的比重。表 4 - 14 报告了各地区工业产值的占比。2013 年之后各地工业产值占比均出现了不同程度的下降。

表 4 - 14　各地区工业产值占比　　　　　　　　%

年份	2005	2007	2009	2011	2013	2015	2017
北京	24.493	21.152	18.951	18.76	18.012	16.124	15.256
天津	50.131	50.676	48.155	48.03	46.3	42.221	37.004
河北	46.986	47.881	46.322	48.011	46.39	42.361	40.445
山西	50.057	52.152	47.822	53.036	46.127	34.149	37.166
内蒙古	37.846	43.308	46.234	49.454	46.962	43.402	31.74
辽宁	42.273	43.822	45.526	48.125	45.201	39.314	31.195
吉林	37.675	41.076	41.966	46.533	46.444	43.462	40.532
黑龙江	48.902	46.831	41.338	41.604	35.215	26.875	20.956
上海	43.653	41.255	35.947	37.553	32.721	28.509	27.398
江苏	50.757	50.369	47.784	45.369	42.682	39.929	39.611
浙江	47.286	48.474	45.751	45.432	41.946	40.147	37.619
安徽	34.342	38.175	40.393	46.155	46.182	42.102	40.404
福建	42.746	42.134	41.731	43.707	43.237	41.649	39.385
江西	35.878	41.59	41.757	46.244	44.777	41.366	38.936
山东	51.28	51.533	49.846	46.903	43.935	41.127	39.521
河南	46.244	50.014	50.822	51.796	46.403	42.763	41.416
湖北	37.611	38.443	39.994	43.49	40.898	39.026	36.812
湖南	33.282	35.994	36.903	41.296	40.619	37.872	35.041
广东	46.502	47.024	45.822	46.325	43.049	41.558	39.342
广西	31.747	35.891	36.909	41.391	38.758	37.849	31.436
海南	19.257	22.196	18.174	18.831	14.866	13.121	11.838

续表

年份	2005	2007	2009	2011	2013	2015	2017
重庆	37.31	42.867	44.677	46.851	36.236	35.359	33.911
四川	34.219	37.126	40.125	45.138	43.729	36.732	31.304
贵州	35.272	33.94	32.016	32.081	33.221	31.569	31.464
云南	33.75	35.543	33.845	33.67	31.808	28.256	24.971
西藏	7.026	8.09	7.502	7.953	7.498	6.808	7.793
陕西	41.961	44.195	42.856	46.817	46.326	40.754	39.691
甘肃	35.461	39.343	35.533	38.323	34.044	26.186	23.639
青海	37.536	43.208	43.498	48.594	43.009	36.982	29.623
宁夏	37.278	40.986	38.452	38.854	36.202	33.647	31.836
新疆	36.925	39.882	36.376	40.85	34.649	29.392	29.904

4.3.4　政策前后能耗变化

表 4-15 报告了各地区单位 GDP[①] 所需的能耗。结果显示多数地区的能耗在 2013 年之后出现了下降。但内蒙古、辽宁、黑龙江、宁夏、新疆等地的单位 GDP 能耗出现了小幅上涨。

表 4-15　各地区单位 GDP 能耗　　　　万吨标煤/亿元

年份	2005	2007	2009	2011	2013	2015	2017
北京	0.858	0.714	0.626	0.539	0.454	0.412	0.364
天津	1.097	1.037	0.897	0.838	0.721	0.684	0.616
河北	2.082	1.941	1.749	1.555	1.424	1.382	1.292
山西	3.206	2.853	2.657	2.216	2.242	2.232	1.941
内蒙古	2.710	2.308	1.934	1.746	1.488	1.552	1.862
辽宁	1.897	1.722	1.453	1.281	1.053	1.028	1.291
吉林	1.714	1.546	1.237	1.099	0.892	0.808	0.773
黑龙江	1.470	1.428	1.396	1.212	1.089	1.095	1.104
上海	0.971	0.882	0.819	0.757	0.705	0.646	0.579

---

① 1998 年为基期。

年份	2005	2007	2009	2011	2013	2015	2017
江苏	0.963	0.890	0.812	0.724	0.662	0.607	0.536
浙江	0.949	0.864	0.781	0.696	0.651	0.624	0.577
安徽	1.286	1.185	1.047	0.891	0.822	0.779	0.692
福建	1.000	0.925	0.845	0.764	0.677	0.643	0.566
江西	1.104	0.966	0.886	0.748	0.700	0.697	0.646
山东	1.377	1.251	1.138	1.052	0.859	0.833	0.763
河南	1.463	1.344	1.220	1.126	0.944	0.896	0.762
湖北	1.595	1.444	1.272	1.106	0.877	0.796	0.719
湖南	1.528	1.355	1.277	1.118	0.862	0.787	0.724
广东	0.814	0.752	0.703	0.654	0.587	0.554	0.501
广西	1.312	1.189	1.086	0.952	0.863	0.825	0.827
海南	0.921	0.893	0.872	0.825	0.747	0.747	0.711
重庆	1.286	1.223	1.227	1.087	0.822	0.765	0.680
四川	1.666	1.529	1.441	1.272	1.042	0.977	0.861
贵州	3.390	3.052	2.350	2.090	1.591	1.366	1.142
云南	1.827	1.703	1.565	1.403	1.179	1.099	1.002
陕西	1.422	1.270	1.159	1.010	0.898	0.914	0.829
甘肃	2.399	2.135	2.008	1.770	1.669	1.666	1.561
青海	3.389	3.140	2.932	2.883	2.872	2.918	2.822
宁夏	4.354	3.788	3.125	2.836	2.702	2.786	2.917
新疆	2.197	2.073	2.127	2.005	2.325	2.483	2.450

4.3.5　大气污染物排放的变化

表 4 - 16 报告了各地区部分年份 SO_2 的排放量。由于全国范围内 PM2.5 的正式统计披露始于 2013 年，因此使用 SO_2 的排放量表征大气污染物的排放水平。对比各地区的数据，我们可以发现，除少部分地区外，SO_2 的排放量基本呈现逐年下降趋势。特别是比较 2011 年和 2013 年，SO_2 排放量出现了较大幅度的下降。

表 4 - 16　各地区 SO_2 的排放量　　　万吨

年份	2005	2007	2009	2011	2013	2015	2017
北京	19.000	15.166	11.879	9.788	8.704	7.117	2.009
天津	26.500	24.470	23.670	23.090	21.683	18.590	5.564
河北	149.500	149.248	125.346	141.213	128.470	110.837	60.237
山西	151.600	138.672	126.843	139.905	125.543	112.064	57.308
内蒙古	145.600	145.580	139.880	140.940	135.869	123.095	54.625
辽宁	119.700	123.384	105.142	112.617	102.704	96.877	38.971
吉林	38.300	39.898	36.301	41.319	38.145	36.293	16.611
黑龙江	50.800	51.537	49.038	52.190	48.909	45.633	29.366
上海	51.300	49.782	37.891	24.010	21.585	17.084	1.850
江苏	137.300	121.806	107.415	105.380	94.168	83.506	41.069
浙江	86.000	79.703	70.133	66.205	59.336	53.783	19.047
安徽	57.100	57.170	53.842	52.947	50.135	48.007	23.542
福建	46.100	44.566	41.966	38.917	36.100	33.788	13.389
江西	61.300	62.099	56.422	58.406	55.770	52.806	21.546
山东	200.200	182.215	159.030	182.740	164.497	152.567	73.912
河南	162.400	156.390	135.500	137.050	125.398	114.425	28.632
湖北	71.800	70.757	64.376	66.564	59.935	55.136	22.006
湖南	91.900	90.429	81.150	68.553	64.132	59.547	21.458
广东	129.400	120.302	107.049	84.773	76.190	67.834	27.677
广西	102.400	97.384	89.049	52.102	47.199	42.120	17.732
海南	2.200	2.560	2.203	3.257	3.241	3.230	1.427
重庆	83.700	82.620	74.609	58.693	54.769	49.580	25.338
四川	130.000	117.875	113.530	90.201	81.671	71.758	38.914
贵州	135.800	137.507	117.549	110.428	98.642	85.296	68.747
云南	52.200	53.370	49.931	69.123	66.309	58.374	38.445
西藏	0.200	0.189	0.166	0.418	0.419	0.537	0.346
陕西	92.200	92.721	80.441	91.684	80.615	73.502	27.936
甘肃	56.300	52.325	50.031	62.390	56.198	57.062	25.881
青海	12.400	13.392	13.570	15.660	15.669	15.077	9.242
宁夏	34.200	36.978	31.425	41.039	38.971	35.760	20.752
新疆	51.900	57.994	58.990	76.306	82.943	77.833	41.818

4.3.6　政策效果的统计检验

将"大气十条"政策实施前和实施后的主要经济指标做统计对比，然后判断政策是否产生了显著的影响。

表 4 – 17 报告了"大气十条"实施前后大气污染物排放量与经济指标之间相关系数的变化。政策实施前后 SO_2 排量与大气治理投资之间的关系没有发生明显改变。工业结构与 SO_2 排量之间的关系没有发生明显改变。能源结构与 SO_2 排量之间的关系没有发生明显改变。单位能耗与 SO_2 排量之间的关系发生了一定的变化，并且其与大气治理、工业结构等经济指标的关系也发生了变化。

表 4 – 17　政策实施前后变量相关性变化

2004—2012 年	二氧化硫排量	大气治理	工业结构	能源结构	单位能耗
二氧化硫排量	1.000				
大气治理	0.609	1.000			
工业结构	0.497	0.417	1.000		
能源结构	− 0.448	− 0.287	− 0.528	1.000	
单位能耗	0.108	0.007	0.017	− 0.051	1.000
2013—2017	二氧化硫排量	大气治理	工业结构	能源结构	单位能耗
二氧化硫排量	1.000				
大气治理	0.599	1.000			
工业结构	0.495	0.351	1.000		
能源结构	− 0.450	− 0.221	− 0.625	1.000	
单位能耗	0.141	− 0.141	− 0.035	− 0.070	1.000

我们采用面板分析技术进一步分析这种变化的程度[①]。将大气污染治理投资完成额作为控制变量。加入表征经济结构的工业结构、能源结构、单位能耗，并将政策实施前后设置为虚拟变量，其中政策实施前，该变量等于 0；政策实施后，该变量等于 1。模型中的虚拟变量刻画了政策前后 SO_2 排放量均值的变化，政策和经济结构的交互项刻画了政策实施前后经济结构变化对 SO_2 排放量的影响。

---

① 在使用空间面板计量方法时，发现空间滞后项与其他变量的交互项存在较严重的共线性，在控制误差项中的自相关的前提下仅使用了空间面板模型。

表 4-18 报告了回归结果。变量前的系数基本符合预期。工业产值占比越大，SO_2 排放量越大。天然气消费占比越高，SO_2 排放量越小。单位 GDP 能耗越高，SO_2 排放量越大。虚拟变量前的系数为负值，说明 "大气十条" 政策实施后，SO_2 排放量出现了显著的下降。但交互项参数估计表明相关政策并没有促进治理投资、工业结构、能源结构和单位能耗发挥减排作用。

表 4-18　政策实施前后大气污染对经济结构的回归结果

变量	系数	标准误	t 值	概率
治理投资	0.047	0.046	1.027	0.305
工业结构	1.625	0.199	8.165	0.000
能源结构	-0.280	0.080	-3.496	0.001
单位能耗	30.152	7.090	4.253	0.000
虚拟变量	-9.696	2.805	-3.456	0.001
虚拟变量×治理投资	0.099	0.115	0.856	0.392
虚拟变量×工业结构	0.209	0.076	2.759	0.006
虚拟变量×能源结构	0.033	0.009	3.706	0.000
虚拟变量×单位能耗	1.429	1.325	1.079	0.282
共同截距项	-43.171	13.136	-3.287	0.001
自回归项	0.851	0.031	27.146	0.000
判定系数	0.976			
DW 值	1.680			

第 5 章　中国大气污染治理政策演进

5.1　大气污染治理政策的逻辑起点

大气污染防范治理政策属于公共政策体系中环境领域的重要组成部分，大气污染治理政策的演变与经济社会发展情况紧密相连，这就让政策追随经济发展的规律在一定程度上呈现出时效性和阶段性，经济发展情况与大气污染特征相适应，并且政策变迁理论的研究对政策内容的理解和以后政策制定都有一定的影响。

5.1.1　大气污染治理政策演进的理论支撑

政策变迁理论是研究大气污染治理政策的依据。因政治环境的不断变化，让政策的制定随之不断调整、更新和完善，产生的政策变迁理论在政策不断演进中起着极其重要的作用。政策变迁理论是政策系统在适应内外环境的变化时，通过不断调整来改变原有运行方向产生的。政策的更新在不断更替，具有渐进性。任何政策变迁都受制于三个基本因素：环境、行动者和制度，政策变迁实质上就是行动者在一定环境制约下改变旧制度、创造新制度的过程[1]。

政策变迁理论最先在西方国家流传，主要概括为多源流理论、倡导联盟理论和间断均衡理论。多源流理论认为一个政策系统包括问题源流、政策源流和政治源流，三者相互独立，在特殊场合又相互共融。倡导联盟理论认为社会经济条件的变化、民意与公共舆论的转变、政策效果的反馈等是影响政策变迁的动力因素[2]，而间断均衡理论对政策的稳定性或政策的突变性作了解释，认为政策变迁动力因素不仅来源于外部环境的变化，还有外部关注度的提高。当今我国对政策演变过程已有一定研究，但对政策变迁理论的研究尚处于起步阶段，已有多位学者对政策变迁进行了研究：

---

①　冯贵霞. 大气污染防治政策变迁与解释框架构建——基于政策网络的视角 [J]. 中国行政管理，2014（09）：16－20＋80.

②　柏必成. 政策变迁动力的理论分析 [J]. 学习论坛，2010，26（09）：50－54.

杨代福试图从制度主义途径、理性选择途径、社会经济途径、网络途径和观念途径五种途径解释政策变迁的原因，对中国政策变迁的本土化研究进行展望①。骆苗和毛寿龙对西方国家三大政策变迁理论进行了研究，基于这三重路径，结合中国社会转型期的特点，我们对中国政策变迁问题的研究取得了一定的进展②。

政策变迁理论的研究对政策的变迁规律和以后政策的制定都有一定的影响。变迁中的政策必须立足现实、结合历史、面向未来。我国大气污染防治政策就是在不断修正、完善中建立起来的，它需要和我国社会经济形势相结合，来分析政策在变迁中存在的问题。

5.1.2　大气污染防治政策的实践基础

政策体系结构分析是了解大气污染防治政策的基础。大气污染防治政策作为一个公共政策，总是与其他方面的政策环环相扣、相互联系、纵横交错，最后以政策体系网状结构的形式出现。大气污染防治政策渗透在各个领域中，既涉及产业政策、行政手段、相关法律法规，也包括金融、财税、能源等方面的政策，这些行业政策相互联系、相互影响，有利于对大气污染政策演变进行系统的研究。

在政策体系结构中，不同或相同的领域中的相关政策都可能发生联系，我国大气污染防治的根本是加快经济转型，优化产业和能源结构，推进生态文明建设。这些目标的执行又离不开技术和财政的支撑；工业废水、废气的排放也需要用一定的行业标准进行规范；对于行业污染物的排放和治理需要有环境标准和监管等方面的政策，也可以利用市场机制刺激企业积极参与治理活动，配合相关财税、金融、能源等方面政策形成良性竞争；同时，还必须有关于环境保护、监督、统计、审计、管理等方面的法律约束，形成一个比较完善的大气污染防治制度。

大气污染政策体系是一个包含各个领域和类型的综合性政策体系。这个体系的行动主体有政府机构、社会公众和企业单位，它们之间因各自资源优势相互联系、相互制约，共同决定政策的演变结果。大气污染政策所涉及的领域不仅有产业、财政、金融、技术，还有能源、环境社会等；另一方面，这一整个政策体系不仅包括法律、行政和地方法规、部门规章及

---

①　杨代福. 西方政策变迁研究：三十年回顾 [J]. 国家行政学院学报，2007（4）：104 – 108.

②　骆苗，毛寿龙. 理解政策变迁过程：三重路径的分析 [J]. 天津行政学院学报，2017，19（02）：58 – 65.

一些规范性文件，还包括一些环境标准和治理的规范方法等。政策体系结构让我们对大气污染治理政策演变的研究更加清晰，为我们的研究提供了方向，是我们研究大气污染治理政策的基础。

5.2　大气污染防治政策的演进历程

关于大气污染防治问题最早出现在 18 世纪中期工业革命时期，机器生产取代手工业，生产使用的煤、石油等化学燃料大量燃烧，使大气污染物不断超标排放，工业快速发展的同时带来的很多隐藏的大气问题也逐渐开始显露。其中，尤其以世界上第一个进行工业革命的国家——英国最为严重，其典型的"先污染后治理"的模式给很多国家留下了值得深思的经验教训。直到 20 世纪 70 年代联合国召开了世界范围第一次讨论环境问题的会议——斯德哥尔摩全球人类环境会议，使得全球对环境问题达成共识，开始关注污染问题。而我国也是自此次会议后开始关注国内的环境污染状况，1973 年我国召开的第一次全国环境保护工作会议，拉开了我国环保事业的序幕，大气污染防治问题也开始进入社会公众视野①。

我国大气污染政策最早是从城市局部开始治理，防治工作最开始主要以工业点源污染控制为主。然而，随着工业化和城市化进程的加快，大气污染的形势越来越严重，污染物的性质也逐渐发生变化，使得现存的政策无法满足治污的需求，大气污染防治政策也在不断地更新演进。结合中国社会经济发展的历史特征，根据每个时期不同污染的性质和特点，我们把这一时期内的政策分类总结，将大气污染防治政策划分为四个阶段。

5.2.1　1978—1991 年重发展轻治理阶段

在 1949 年之前，我国处于社会主义初级发展阶段，当时为了加强国民经济的发展，解决社会阶级矛盾，我国采取的是重工业优先发展战略，但随着城镇化和现代化的蓬勃发展，经济发展的同时环境问题也日趋严重，使得人们意识到，当达到一定饱和时，环境污染开始阻碍经济的发展，但是国家缺乏对环保事业的重视。到 1978 年改革开放后，中国处于社会主义市场经济时期，陈旧的工业设备和落后的技术问题，使得污染治理差强人意，污染形势严峻，社会公众开始注意大气问题，促进了有关大气污染防治政策和法规的制定，我国大气环境质量标准也开始实现全国统一，这一

---

① 张秀芳. 中国共产党绿色发展思想的演进历程 [J]. 中共太原市委党校学报，2017（02）：78 – 80.

阶段大气污染物主要是煤烟型。

在这一时期，我国颁布了很多有关大气污染防治的法律法规和部门规章，保护环境被确立为一项基本国策，环保事业也从起步阶段不断发展。1979 年 9 月，由全国人大常委会颁布了中华人民共和国成立以来第一部综合性环境保护基本法《中华人民共和国环境保护法（试行）》（简称《环境保护法》），把中国的环境保护方面的基本方针、任务和政策，用法律的形式确定下来①，该法对工矿企业和城市对废气的排放、消烟除尘、无污染能源的利用、生产设备和生产工艺等方面作了一定的规定，严格控制不达标企业的规模。1984 年 5 月，国务院提出《关于环境保护工作的决定》，成立了环境保护委员会，将保护环境作为现代化建设的基本国策。1987 年 9 月，全国人大正式颁布了《中华人民共和国大气污染防治法》（简称《大气法》），规定各级政府应制定大气环境质量标准、大气污染物排放标准、燃油质量标准等各项统一标准，对大气污染防治工作做好监管，严格控制有害物质的排放②。1989 年全国人大第十一次会议通过《中华人民共和国环境保护法》，对烟尘、废气等污染物的排放确定了限值，提出违规单位要按要求承担法律责任。1991 年国务院出台了《大气污染防治法实施细则》，为《大气法》的实施提供了具体的操作方法。在环境管制办法方面，国务院及相关部门也制定了一系列行政法规。

在环境标准方面，为了更好地控制有害气体的排放，1979 年对《工业企业设计卫生标准》进行了再修订，规定了居住区大气中 34 种有害物质的最高容许浓度和车间空气中 120 种有害物质的最高容许浓度③。1982 年国务院颁布了我国第一个环境空气标准《大气环境质量标准》，根据不同地区经济自然环境的差异，实施不同的环境空气质量标准，在实时监测的同时还要进行监督。1983 年颁布了《机动车尾气排放标准》，这是我国第一批机动车尾气污染控制排放标准，标志着我国机动车尾气法规从无到有。1984 年先后颁布了《锅炉烟尘排放标准》《汽油车怠速污染物排放标准》《柴油车自由加速烟度排放标准》《硫酸工业污染物排放标准》等④。

如表 5 - 1 所示，在环境技术和能源方面，我国开始加强对能源问题的管制。1979 年国务院发布了《关于工矿企业治理"三废"污染、开展综

---

① 中华人民共和国环境保护法（试行）［J］. 环境保护，1979（05）：1 - 4.
② 中华人民共和国大气污染防治法——1987 年 9 月 5 日第六届全国人民代表大会常务委员会第二十二次会议通过［J］. 环境科学技术，1988（02）：1 - 4.
③ 吴景城. 论《大气污染防治法》［J］. 环境研究与监测，1988（02）：10 - 15.
④ 王文婷. 我国防治大气污染的公共政策演进［J］. 治理现代化研究，2018（02）：83 - 88.

合利用产品利润提留办法的通知》，制定了奖惩机制，对治污效果明显的
企业给予奖励，回收利用排放物，消除污染。1980 年发布《关于加强节约
能源工作的报告》，对成品油、煤炭、焦炭等的使用作了进一步的节能安
排。1981 年发布《关于重申利用各种工业废渣不得收费的通知》《关于节
约工业锅炉用煤的指令》。1982 年国务院批转国家机械委、国家能源委
《关于加速工业锅炉更新改造节约能源报告的通知》《关于发展煤炭洗选加
工合理利用能源的指令》。1983 年出台了《关于结合技术改造防治工业污
染的几项规定》。1984 年颁布了《关于防治煤烟型污染技术政策的规定》，
加强煤炭的洗选，充分利用可燃气体和余热资源供应民用①。1986 年 4 月
发布《节约能源管理暂行条例》，对能源供应、工业和城乡生活用能、技
术等方面进行了相关规定。

表 5 - 1　　1978—1991 年关于环境管制方面大气污染治理政策汇总

年份	法律法规名称	内容
1981	《关于在国民经济调整时期加强环境保护工作的决定》	严格防止新污染发展；重点解决敏感区域企业污染问题，制止对自然环境破坏
1982	《征收排污费暂行办法》	明确了排污收费使用对象和适用范围，也标志着我国排污收费制度正式建立
1983	《中华人民共和国环境保护标准管理办法》	从环境质量、污染物排放、环境保护基础和方法四个方面制定了标准
1984	《征收超标准排污费财务管理和会计核算办法》	加强了对排污费资金的预算管理
1987	《关于发展民用型煤的暂行办法、城市烟尘控制区管理办法》	对市场用煤进行差价补贴；对城市烟尘控制区的烟尘制定了严格标准
1989	《排放大气污染物许可证制度试点工作方案》	1991 年国家环保总局在选定 16 个城市作为大气排污许可证试点
1990	《汽车排气污染监督管理办法》	汽车的进口、生产、维修和改装环节需达到产品质量指标，并得到监督管理

在这一阶段，政府主要主导消烟除尘环保活动。《环保法》《大气法》
的颁布，让政府开始将环境及大气的污染防治提上政策议程，治污政策和
公众参与的理念开始萌芽，防污重点主要在煤炭改造和能源结构转变方

---

① http://www.pkulaw.cn/fulltext_form.aspx? Db = chl&Gid = 9fac53787d9045a8bdfb&keyword =
% E7% 8E% AF% E5% A2% 83% E6% 8A% 80% E6% 9C% AF&EncodingName = &Search _ Mode =
like&Search_IsTitle = 0.

面，治污也从点源治理发展到综合治理。这一阶段的政策对大气污染防治的效果甚微，1991 年城市大气降尘量与往年相比呈下降趋势，北方污染重于南方；对二氧化硫治理效果，南方城市下降程度优于北方，但对烟尘排放量的控制没有明显改善。这一阶段大气污染治理多项政策的颁布，标志大气污染防治开始走上法治化道路，但主要以污染控制为主，政府投资较少，缺乏预防和治理方面的政策。

5.2.2 1992—2002 年先污染后治理阶段

在这一阶段，为了顺应世界发展潮流，正视本国国情，可持续发展战略被提出，新理念的提出标志着环保发展进入新时代。这一阶段我国大气污染源主要是煤烟型、汽车尾气和工业废气，政策手段主要是利用行政法律手段进行综合防治。

1992 年我国在联合国环境与发展会议后，编写了《中华人民共和国环境与发展报告》，明确实施可持续发展战略①。1994 年，我国确定了可持续发展的总体战略框架和各个区域的主要目标，国家环保会议还通过《全国环境保护工作纲要（1993—1998）》，指出以城市为主的环境污染在加剧，甚至扩散到农村，环境污染已成为制约经济发展的重要因素，并要求加强排污许可证的管理工作，扩大发放范围②。1996 年国务院批准《国家环境保护"九五"计划和 2010 年远景目标》，采用预防为主，防治结合政策，规定了各种污染物限值指标，确保到 2010 年环境管理体系基本建立。1998 年，国家环保局印发《全国环境保护工作（1998—2002）纲要》，指出要进行产业结构调整，加强企业环保责任机制；同年，开展投标试点，将竞争机制引入环境评价市场。1992 年，国家环保局通过了《关于进一步推动大气污染物许可证制度试点工作的几点意见》，强调地方立法的重要性，探索排污补偿的做法，选取太原、柳州等六个城市作为大气污染物排污权交易试点城市③。2002 年，全国人大颁布了《清洁生产促进法》，提出要促进清洁生产，提高资源利用率等。

在环境标准方面，1996 年颁布了《中华人民共和国国家标准大气污染物综合排放标准》，规定了 33 种大气污染物的排放限值，同时对各行业制定标准，如《锅炉大气污染物排放标准》《汽车大气污染物排放标准》《工业炉窑大气

① 中国环境年鉴（1992）［M］. 北京：中国环境出版社，1992.
② 全国环境保护工作纲要（1993—1998）［J］. 环境保护，1994（03）：6 – 10 + 28.
③ 王子强，杨朝飞. 中国环境年鉴·排放大气污染物许可证制度试点工作［M］. 北京：中国环境出版社，1991.

污染物排放标准》；1999 年国家环保局颁布《污染源监测管理办法》，加强对排放污染物出口的污染检测；2000 年对《环境空气质量标准》进行再修订等。

在能源方面，1992 年国务院通过的《环境与发展十大对策》，提出在施行可持续发展战略的同时要进行产业调整，淘汰耗能高、消耗大的产品设备，尽量采用清洁工艺。对《大气污染防治法》分别在 1995 年和 2000 年进行再修订，加大了对工业和机动车的大气污染防治，也提出了排污许可和收费等污染防治制度。1997 年全国人大通过了《节约能源法》，提倡减少能源使用过程中的损耗，积极利用技术和资金开发新能源；同年，发布了《关于推行清洁生产的若干意见》，要求各地环保部门积极推广清洁生产。针对车辆增加造成的尾气污染问题，1998 年国务院发布《关于限期停止生产销售使用车用含铅汽油的通知》，在全国范围内实施停用含铅汽油改产无铅汽油的规定。1999 年，国家科技部等多个部门印发了《关于实施"空气净化工程——清洁汽车行动的若干意见》，依靠科技，加大政府的宏观调控，让清洁汽车为空气净化贡献一份力等。

在财税方面，1992 年国家环保局、财务部等多个部门联合发布了《关于开展征收工业燃煤二氧化硫排污费试点工作的通知》，批准在湖北、山东等九个城市开展试点工作，规定每千克二氧化硫收费不超过 0.20 元，提高重点排污单位治理二氧化硫污染源的补助比例。1998 年财政部发布《关于调整含铅汽油消费税税率的通知》。2002 年制定通过《排污费征收使用管理条例》等。中国最早开始区域大气污染防治也是从这一阶段开始的，通过划定行政控制区开始进行综合防治。1996 年，国务院通过了《关于环境保护若干问题的决定》，提出实施污染物排放总量控制制度，在重污染区实行"以新带老"，增加环境保护投入力度。2002 年国务院发布了《关于两控区酸雨和二氧化硫污染防治"十五"计划的批复》，规定要加大区域内二氧化硫和酸雨的防治力度，对二氧化硫的总量进行严格控制，依法对排污单位进行监督管理，各部门要分工合作努力实现"十五"期间污染控制目标等。

这一阶段的大气污染防治工作以预防为主、控制结合的方式，主要采用集中治理和总量控制相结合的综合治理模式，治理重心也开始从点源治理向区域控制转变，这一阶段大气污染的控制有了明显的改善，政策绩效有显著提升。首先，2002 年空气质量达到二级标准的城市比例相比以前在不断增加，相比于 1998 年，二氧化硫污染控制区的二氧化硫达标城市比例提高了 7.8 个百分点，酸雨控制区二氧化硫达标城市增加了 8.9 个百分点①。废

---

① 数据来源：国家环境保护总局. 2002 年中国环境状况公报［J］. 环境保护，2002（5）.

气污染物的排放量也明显削减，2002 年全国二氧化硫的排放量由 1997 年的 2 346 万吨下降到 1 926.6 万吨，烟尘排放量由以前的 1 873 万吨下降为 1 012.7 万吨。其次，这一阶段通过再修订法律法规、新增行政地方法规和各种新的大气标准，让大气污染防治法律体系更加完善，排污许可证制度的确立实施，及大气排污交易试点的进展，都为大气污染防治政策的发展奠定了一定的基础。但是，这些政策中仍缺乏具体的操作办法和标准，对大气污染防治的进行有一定的约束，与其他各行业政策进展相比，大气污染防治的政策绩效相对较慢，虽然城市空气质量有所稳定，但仍有部分城市污染严重，其中南方地区仍出现酸雨污染，缺乏有针对性的防污规划，有的地方对排污权有偿使用和交易政策有违规操作风险，相关行政控制力度较高，但行政手段执行力度不够。地方部门颁布的文件如表 5 - 2 所示。

表 5 - 2　地方部门颁布的文件汇总

年份	地区	法律法规	内容
1992	包头市	《大气氟化物排放许可证管理办法》	加强对污染源的监督管理，对氟化物的排放进行控制
1993	长春市	《大气污染防治管理办法》	对烟尘、废气等的排放作了严格规定，并对防治效果明显的单位或个人给予表彰，对违规单位予以罚款
1994	太原市	《大气污染物排放总量控制管理办法》	规定环保部门按排污总量控制指标各司其职，监测核实排污企业情况，按规定颁发排污许可证，这是第一部提出排污权交易总量控制的地方法规
1999	兰州市	《实施防治城区冬季大气污染特殊工程处罚办法》	对污染严重而未停产的企业予以罚款；对城区居民未安装消烟除尘设备的予以一定的罚款等
2001	抚州市	《控制大气面源污染管理办法》	对在 30 米以下低空向大气排放的各种污染物所造成的污染实施监督管理

5.2.3　2003—2012 年经济转型和科学发展阶段

自进入 21 世纪以来，伴随我国综合实力的提高，环保事业也进入深入发展阶段。这一阶段随着城市化、工业化、区域经济一体化的进程加快，人们的生活水平不断提高，汽车和机动车的数量不断增加，因而氮氧化物、二氧化硫等传统污染物在不断提高的同时，臭氧、光化学烟雾等二次污染物开始出现，两种污染物的结合让大气污染开始出现区域复合型的特征，污染问题变得更加复杂化。2003 年，胡锦涛总书记在江西考察时，提出要以人为本、全面发展、协调发展、可持续发展的科学发展观①，加快了经济转型和经济体制改革，让大气污染防治政策思路发生转变，人们开始探索大气污染区域联合防治政策，试图打破原来的局地单一模式。

区域大气污染联防联控机制的建立。因地区间经济发展不平衡和区域性大气污染的特征，多数城市通常采取"各自为战"的属地治理传统模式解决大气污染问题，各城市间缺乏合作，治理问题从根本上得不到解决，所以，我国开始逐步建立区域性大气污染联防联控机制，出台一系列联合治理政策解决当前大气污染问题。2008 年北京奥运会期间北京空气质量创最优佳绩，就是因为京津冀地区成立大气污染防治领导小组，第一次打破行政界线，实现跨省部门之间的合作，并针对大气污染排放问题签订了区域环保合作协议，从而让"绿色奥运"能够顺利举办。这次成果展现出各地区共同合作治理大气污染可以使当前区域性大气污染问题得以解决。之后，在世博会举办期间，上海联同江苏、浙江的环保部门联合制定长江三角区域大气污染联合防治工作方案。2009 年，广州亚运会的举办，为全面推进珠三角大气污染联防联控工作提供了契机。2010 年，环保局、发改委等部门联合发布了《关于推进大气污染联防联控工作改善区域空气质量指导意见的通知》，第一次明确了区域性大气污染联防联控制度的工作目标指导思想和原则②。2012 年，国务院批准环保部等联合发布《重点区域大气污染防治"十二五"规划》，在 13 个重点区域施行大气污染联防联控工作，改善大气环境质量，实施多污染物协同控制；创新区域管理机制，提升联防联控管理能力，建立区域大气污染防治监管机制③。该规划初步构建了区域大气污染联防机制，也是我国第一部大气污染防治综合性规定。

在环境质量标准方面，我国根据现阶段大气特征对一些旧的政策进行了修订，也颁布了一些新的法律法规进行大气治理。

在治污技术规范方面，国家开始发展脱硫和消烟除尘技术。2005 年，国家环保局发布了《火电厂烟气脱硫工程技术规范烟气循环流化床法》，

---

① 中华人民共和国大事记（2003 年），http://www.gov.cn/test/2009 – 10/09/content_1434405.htm.

② http://www.gov.cn/xxgk/pub/govpublic/mrlm/201005/t20100513_56516.html.

③ 中华人民共和国中央人民政府网站 http://www.gov.cn/gongbao/content/2013/content_2344559.htm.

开展烟气脱硫工程，此技术也适用于工业炉窑，以减少二氧化硫排放。
2007 年，国家发改委和环保局发布了《燃煤发电机组脱硫电价及脱硫设施
运行管理办法（试行）》，规定了燃煤发电企业安装脱硫设施的相关要求，
利用脱硫技术减少二氧化硫排放。此外，还发布了工业锅炉及炉窑、钢铁
行业等关于烟气脱硝脱硫技术规范的通知。此外，还新增了柴油车、摩托
车、家禽养殖业等方面的污染防治技术规范。新制定了污染源监测项目、
环境空气质量检测等方面的技术方案和方法。2010 年，国家环保部、发改
委等多个部门联合推出《关于推进大气污染联防联控工作改善区域空气质
量指导意见》，首次将 VOCs 列为重点控制污染物，提出了区域协同治理的
具体要求，主张在 2015 年全面建立大气污染联合防控机制。相关政策汇总
如表 5 - 3 所示。

表 5 - 3　2003—2012 年关于环境质量标准方面大气污染治理政策汇总

年份	事件
2003	全国实施第二阶段机动车排放标准
2003	环保局发布了《火电厂大气污染物排放标准》
2004	对《水泥工业大气污染物排放标准》进行了再修订
2007	发布《储油库大气污染物排放标准》等三项国家污染物排放标准公告
2009	环境保护部制定《机动车环保检验合格标志管理规定》，对达到不同标准的机动车颁发环保检验合格标志
2012	发布了《环境空气质量标准》及其配套标准《环境空气质量指数（AQI）技术规定（试行）》
新增加了加油站、铝工业、硫酸工业、钢铁烧秸、炼焦化工等行业的污染物排放标准，制定了施工现场环境保护标准	

在财税方面，我国设立了大量的专项基金，用于不同的治污用途，各
地方政府相互监督，确保专项基金的落实，为大气污染防治工作共同努
力，相关政策汇总如表 5 - 4 所示。

表 5 - 4　2003—2012 年关于财税方面大气污染治理政策汇总

年份	颁布单位	政策名称	政策摘要
2003	国务院	《排污费征收使用管理条例》	核定了排污费的征收标准，对符合排污条件的排污者征收排污费，并向社会公开

续表

年份	颁布单位	政策名称	政策摘要
2003	国家发改委等部门	《排污费征收标准管理办法》	规定了废水、废气、固体污染物和噪声的排污项目的征收标准
	财政部和环保局	《排污费资金收缴使用管理办法》	排污费按月或按季缴纳，并纳入财政预算；规定了环境保护专项资金的适用范围
2004	国家财政部	《中央补助地方清洁生产专项资金使用管理办法》	用清洁生产资金采用公开透明的方式资助石化、建材等重污染行业
2007	国家环保局、财政部	《中央财政主要污染物减排专项资金项目管理暂行办法》	利用专项基金推进"三大体系"建设，并对资金项目进行跟进
		《中央财政主要污染物减排专项资金管理暂行办法》	规定了减排资金的适用范围，实行目标管理责任制
2007	国家环保局	《关于开展生态补偿试点工作的指导意见》	中央财政转移支付应考虑生态补偿因素，应开展跨流域生态补偿试点工作，将实践检验的技术方法和政策体系相结合
2011	国家财政部和发改委	《节能技术改造财政奖励资金管理办法》	采取"以奖代补"方式，将财政资金用于企业节能技术和产品开发

在环境评价方面，2003 年全国人大通过了《环境影响评价法》，对建设项目实施后造成的环境影响进行分析评价并提出对策。2005 年，开启了铁路、国家高速公路网规划等重点行业的环境影响评价。2006 年环保局印发《环境影响评价公众参与暂行办法》，首次对环境影响评价公众参与进行了全面系统规定，明确了公众参与环评的权利①。2009 年，国务院制定了《规划环境影响评价条例》等。

在清洁能源方面，2004 年国家发改委和环保局联合发布《清洁生产审核暂行办法》，对企业生产过程中产生的废物，提出低耗能、低污染的可

---

① http://www. qstheory. cn/zoology/2017 – 01/16/c_1120321111. htm.

行性方案，并积极推进车用燃油低硫化和清洁燃油的使用，加强对机动车的环保监测工作。2005 年，全国人大常委会通过了《可再生能源法》，介绍了新能源和可再生能源的产业技术指导、价格管理和经济激励手段等，相关部门也出台了与之配套的行政法规。随着党十七大提出"发展清洁能源"，2007 年，国家能源办公布了《中华人民共和国能源法》（征求意见稿），将清洁能源放到了国家层面，促进能源与经济社会协调发展。2009 年，国家提出了温室气体排放目标，随后国家发展和改革委员会于 2010 年发布了《关于开展低碳省区和低碳城市试点工作的通知》，计划在广东、陕西等五省和天津、重庆、南昌在内的八市进行低碳排放试点工作，加快低碳产业体系的建立，鼓励绿色生活和消费模式。2012 年，国务院印发《"十二五"节能环保产业发展规划》，大力扶持节能技术、资源综合循环利用技术和环保产业重点领域及相关工程技术等。

因二氧化硫污染物排放量在 2003 年前并未得到改善，2003 年 10 月，经国务院批准，国家环保局印发了《关于加强燃煤电厂二氧化硫污染防治工作的通知》，督促燃煤厂脱硫设施安装进度，利用媒体等手段宣传新政策，实现二氧化硫总量指标。2005 年，国家对电石铁合金焦炭行业进行了清理整顿，对不符合产业政策要求的予以停产关闭，对符合要求的企业进行投资实施除尘和收尘治理，让违规排污的企业直接关停，从而改善"村村点火，处处冒烟"的状况。2007 年，国家将节能减排作为一项重要任务，印发了《关于节能减排综合性工作方案的通知》，编制完成了《国家酸雨和二氧化硫污染防治"十一五"规划》，其总体目标是削减二氧化硫排放总量，控制氮氧化物排放的增长趋势[①]。2012 年，中央财政拨款 10 多亿元对重点城市燃煤锅炉进行综合整治，从清洁能源替代和除尘设施改造等方面整治；出台了《重点区域大气污染防治"十二五"规划》，制定了大气污染物排放年均目标浓度，也开始实现从总量控制到质量改善的转变等。

机动车污染防治体系在这一阶段开始建立。首先，从源头控制开始，由试点到推广，不断提高机动车排放标准。2003 年，国家开始对重型车实施第二阶段排放标准核准，对发动机和机动车生产企业进行一致性抽查；2004 年，全国范围内开始实施第一类轻型车的"国 2 排放标准"；2005 年，全国开始全面实施第二阶段排放标准，积极推进机动车用燃油低硫化工作；北京市在 2005 年年底提前实施机动车第三阶段排放标准；2009 年，上海在全国提前实施机动车第四阶段排放标准。其次，加大了对机动车的

---

① 国家环境状况公报，http://www.mee.gov.cn/hjzl/zghjzkgb/lnzghjzkgb/201605/P02016052 6560006255479.pdf.

监督管理工作；强化了对新车、在用车和车用燃料的监督管理，也加大了对机动车生产企业的环保生产一致性监督管理；对各个车型新产机动车实施核准制度，并向公众公布检查结果，对不合格企业和产品要求限期整改。最后，建立机动车环保管理制度。2004 年，国家环保局发布了《关于加强在用机动车环保定期检测工作的通知》，各省级环保部门要做好机动车环保年检工作规划；2009 年，国家环保部印发了《机动车环保检验合格标志管理规定》；2012 年，国家环保局发布了《关于加强机动车污染防治工作推进大气 PM2.5 治理进程的指导意见》，对机动车加大抽查和检查，有效督促各地减排工作。

各地方政府也从各方面出台了一系列相关文件积极配合大气污染治理工作，确保我国大气污染状况得到缓解。相关政策汇总如表 5 – 5 所示。

表 5 – 5   2003—2012 年地方环保政策汇总

年份	地区	文件	内容
2004	河北省	《关于环境保护四大体系建设实施意见》	计划在四年内完成环境污染现代化监控、科技产业支撑、环境保护公众参与和污染防治资金投入四大体系的建设
2007	上海市	《上海市节约能源"十一五"规划》	实现到 2010 年全市单位生产总值能耗比"十五"期末下降 20% 左右的目标
2009	北京市	《汽车以旧换新补贴资金管理暂行办法》	对按规定实施汽车以旧换新和报废黄标车的车主给予财政补贴
2010	广东省	《广东省珠江三角洲清洁空气行动计划》	制定了空气清洁计划的阶段目标和保障措施，建立大气复合污染综合防治体系
2012	河南省	《关于加快实施河南省环境监察执法模式的通知》	根据责任网格化、执法模板化、管理分类化细化管理工作，提高管理水平

从上述分析可知，这一阶段大气污染防治政策的重心主要是在污染物排放控制方面。相关政策不仅有排污费管理、设立减排专项基金、财政奖励基金等经济性政策，还有环境信息公开与评价等社会政策。此外，通过采取排污总量控制、排污许可证等政策逐渐加大行政控制力度。最值得关注的是，这一阶段国家提出了科学发展观，开始倡导低碳经济、人与自然和谐发展等发展战略，还首次提出"生态文明"理念，加大了对环保的投入力度，用更严格的标准对生产制造类企业和汽车实施控制。从政策效果来看，烟尘排放总量和工业粉尘排放量在逐年下降，2010 年比 2003 年分

别下降了 20.9% 和 56%；二氧化硫的排放也在 2007 年开始呈现下降趋势，到 2012 年二氧化硫下降了 14%；在 2008 年北京奥运会期间，北京空气质量更是实现了 100% 达标率。但是大气污染的复合型污染性质在城市化加快的当今，让环境空气质量问题的改善变得缓慢。此外，现行政策主要是对二氧化硫、粉尘烟尘等的控制，而对氮氧化物和颗粒物等其他污染物方面缺乏控制手段。

5.2.4　2013 年至今的生态文明建设阶段

党十八大召开提出的"五位一体"的总体布局，让生态文明建设并入了国家的总任务中，认为生态文明建设是基础，应坚持人与自然和谐共生，建立系统完整的生态文明制度体系[①]。但自 2013 年以来我国大气污染复合型特征愈发明显，不仅有一次污染物，还有由二氧化硫、氮氧化物以及可吸入颗粒物相互作用形成的 PM 大于 2.5 的二次污染物，这种特征让生态文明建设面临极大的挑战。这一阶段大气污染政策出台密集，大气污染防治开始有法可依，政策管理开始出现多元化主体合作，大气污染防治处于综合治理阶段。

建立健全环保法制，强化大气制度保障。2013 年 1 月，我国出现有史以来雾霾天气最多的时期，以中东部地区最为严重，其污染范围不仅广，而且持续时间长。同年 9 月我国国务院颁布了《大气污染防治行动计划》（简称"大气十条"），提出了 10 条 35 项综合治理措施，对污染物排放、能源结构、能源技术研发等十个方面作了具体的规定。这也是有史以来我国在大气污染方面做的最严格、最完整的行动规划，其在防治目标、防治手段、防治对象和治理模式上都有了巨大的转变和创新。因 2013 年重污染天气出现，同年 11 月环保部发布了《关于加强重污染天气应急管理工作的指导意见》，提出各部门实行负责人责任制，建立大气污染监测预警体系，以便积极应对重污染天气。2013 年 2 月发布《关于执行大气污染物特别排放限值》，对重点控制区火电、钢铁、化工等六大行业设定了特别排放限值。2014 年，国务院通过了《大气污染防治行动计划实施情况考核办法（试行）》，对京津冀及周边污染严重区域以 PM2.5 年均浓度下降比例作为考核指标，其他地区以 PM10 年均浓度下降比例作为考核指标，采用评分制进行年度考核[②]。2015 年，新环保法开始实施，采取"预防为先，综合治理"方式，按日计罚，加大行政处罚力度，被称为"史上最严厉新

---

① http://theory. people. com. cn/n1/2017/0906/c413700 – 29519343. html.
② http://politics. people. com. cn/n/2014/0527/c1001 – 25072023. html.

法"。2016 年新修订通过的《大气污染防治法》，对政府要求、污染源控制力度、污染总量控制和违法行为处罚四个方面设置"史上最严标准"，这也体现了我国大气污染防治法律体系逐渐完善的过程。2018 年，国务院印发了《打赢蓝天保卫战三年行动计划》的通知，提出要全民参与，源头防治，综合治理，强化区域联防联控，实现人与自然共赢的局面等。

在环境监管方面，2012 年环保部发布了《关于加强环境空气质量监测能力建设的意见》，督促各级政府认识到空气质量监测的重要性，积极加快空气质量监测预警体系建设。2015 年，国务院办公厅发布了《生态环境监测网络建设方案》，要求生态环境监测与网络结合，各级部门分工合作，确保信息数据共享，形成自动预警系统。2016 年，中共中央和国务院出台了《关于省以下环保机构监测监察执法垂直管理制度改革试点工作的指导意见》，试点省份要因地制宜采用创新方式方法，实施环境监测执法信息共享。河北、重庆率先实施垂直管理制度改革试点等。

在大气污染物排放标准和技术规范方面，2013 年环保部通过了《轻型汽车污染物排放限值及测量方法（中国第五阶段）》，我国开始采用第五阶段排放标准对新型车进行审核。2013 年，为贯彻落实"重点区域十二五"规划目标，我们修订了铝、铅等化学工业的六项国家污染物的排放标准。2014 年修订了锅炉大气污染物排放标准、工业污染物排放标准、生活垃圾焚烧污染控制标准等三项国家污染物排放标准[①]。2016 年，国家环保部、工业和信息化部共同发布了《关于实施第五阶段机动车排放标准》，要求按油品升级进度，划区域实施机动车排放标准。2017 年，环保部印发了《国家环境保护标准"十三五"发展规划》，提出推进在研项目进程，优化内外环保体系标准，加大环保标准对社会的影响力。

积极推进大气污染经济政策实施，完善大气污染在财税、能源等方面的政策。2014 年，国务院发布了《关于进一步推进排污权有偿使用和交易试点工作的指导意见》，提出建立排污权有偿使用和交易工作试点的总体要求和指导意见。2015 年，财政部、国家发改委和环境保护部联合发布了《挥发性有机物排污收费试点办法》，提出要通过对排放 VOCs 的企业征收缴纳 VOCs 排污费，规范有机物排污管理工作，提高生态环境质量。2016 年，人大常委通过了《环境保护税法》，这是我国第一部有关"绿色税制"的税法，对环境排放污染物的标准、计税依据、征税管理等作了规定。2017 年，国务院推出了《环境保护税法实施条例》，对环境保护税法的有

---

① http://news.163.com/14/0429/03/9QVH6ETG00014AED.html.

关规定进行了细化工作。中央财政部还通过财政补助、设立专项治理基金来解决重点区域大气污染突出问题，除了实施专项基金全面覆盖，还对地方政府进行制度考核改革，对治理效果明显的企业予以激励。例如，2015年中央财政拨款 115 亿元专项基金用于北京、河南、河北等 11 个省市的大气污染治理工作①。2016 年，财政部、环境保护部印发了《大气污染防治专项资金管理办法》。2018 年，财政部等多部门联合发布了《关于调整完善新能源汽车推广应用财政补贴政策的通知》，对不同类型的新能源汽车实施不同的补贴标准，积极推广低能耗产品，做好监督检查工作。此外，公众参与型政策也得到发展和应用，2014 年环保部印发了《关于推进环境保护公众参与的指导意见》，提出通过建立公众参与环境保护平台，采用公开透明的方式让公众参与到环保工作中来。2015 年，环保部又发布了《环境保护公众参与办法》，为公众参与环保活动提供了一些畅通门路。

在清洁能源发展方面，2013 年环保部启动了《清洁空气研究计划》，通过建立符合我国国情的空气质量体系，加强综合技术研发投入，改善空气质量。2013 年，国务院发布了《关于加快发展节能环保产业的意见》，把节能环保产业作为拉动经济增长的新方式，利用市场和政府的调控作用，加快节能技术创新，发展绿色产业。2014 年，国家环保部联合发改委、能源局制定实施《能源行业加强大气污染防治工作方案》，提出加快重点污染源的治理措施和治理目标，加快分散燃煤治理，确保清洁能源足量供应。2016 年国务院发布了《"十三五"节能减排综合工作方案》的通知，认为"十二五"节能减排工作已超额完成，"十三五"期间应加快经济转型升级，优化产业和能源结构，推动循环经济的发展，完善节能减排相关政策。2018 年，国务院安全生产委员会发布了《关于做好农村"煤改气"工程安全生产工作的通知》，要求北方地区开展冬季清洁取暖工作，做好施工安全和运行维护工作，普及安全宣传教育等。

从地方法规实施情况来看，2013 年武汉市政府发布《机动车安全技术和环保检验监督管理办法》，采用统筹规划、合理布局的方式加强对机动车的监督管理；2016 年，北京市印发了《怀柔区贯彻落实京津冀大气污染防治强化措施（2016—2017）实施方案》，加快农村"减煤换煤"进度，推进燃煤锅炉清洁能源改造，严控扬尘污染②；2016 年，南昌市人大通过

①　总理为大气污染防治打气百亿专项资金下拨 11 省份［N］. 每日经济新闻，2015 年 7 月 21 日，第 04 版.

②　丁学济. 北京怀柔年鉴·环境保护方案规划编制［M］. 北京：北京出版集团公司北京出版社，2017.

了《低碳发展促进条例》，为发展低碳经济、低碳城市作了新的规划和标准；2017 年，河南省发改委等多个部门联合通过了《"十三五"节能环保产业发展实施方案》；2018 年，西宁市人大通过了《建设绿色发展样板城市促进条例》，要求全民参与，开展绿色志愿服务和宣传教育活动，加强"一优两高"城市生态屏障格局建设等。

　　虽然在"十二五"阶段，我国大气污染治理工作卓见成效，但环境质量与发达国家历史同期差距仍较大，而且由于污染基数大，污染物的变化等都存在不确定性，污染物排放还处于较高水平，所以经济发展和大气环境污染的矛盾更加突出，大气污染治理仍是一项长期的工作。在"十三五"规划期间，国家首次将生态文明建设纳入五年规划，大力发展绿色经济，加快产业结构转型。大气污染已成为决定经济和社会发展走向的重要问题。经过健全法律体系，建立制度保障，政策试点和整合，切实可行的大气污染政策体系正在逐步建立。"依法治污"成为大气污染治理政策的核心方向。大气污染治理政策也发生了大的转变，污染防治目标导向从以管控污染物总量为主向以改善环境质量为主转变；工作重点从控制污染增量向削减存量、引导增量转变；污染防治对象转变为多种污染源综合控制，建立区域联合防治管理模式①。蓝天保卫战的成效明显，2017 年京津冀、长三角和珠三角 PM2.5 的平均浓度比 2013 年分别下降 39.6%、34.3%、27.7%，北京市 PM2.5 的平均浓度从 2013 年的 89.5μg/m³ 下降到 58μg/m³，大气污染防治行动计划的目标已全面完成②。但总体来看，全国范围内还偶尔出现一定的大范围、长时间的重污染天气，生态系统质量总体水平较低，环境管理体制也面临新的要求和挑战，大气污染特征也从工业污染转成生活消费型，区域大气污染排放总量居高不下，协作机制仍需进一步创新完善。

5.3　大气污染防治政策存在的主要问题和演进方向

5.3.1　我国大气污染防治政策存在的主要问题

　　纵观中华人民共和国成立以来我国大气污染防治政策的变迁过程，可

---

① 中国环境网 https://mp. weixin. qq. com/s?＿＿biz = MjM5NDE3NDY1Mg% 3D% 3D&idx = 1&mid = 202918943&sn = 9a8215876c7d7d8c24904d9603a40238.

② 国家生态保护部 . 2017 年中国环境状况公报［EB/OL］. 国家生态保护部网站，2018 - 05 - 31，http://www. mee. gov. cn/hjzl/zghjzkgb/lnzghjzkgb/201805/P020180531534645032372. pdf.

以看出，政策呈现阶梯式渐进轨迹，从刚开始的政府管控到政府、企业和公众共同参与治理活动；政策工具也从命令控制型逐渐向公众参与型趋近；因政策外的行动参与者增加，政府和企业"一对一"的简单关系逐渐演变为"多对多"的网络结构，由传统的行政主导型逐渐向社会合作共同治理方向发展。每个阶段的政策不仅在上一个阶段上逐渐完善和拓展，也根据阶段性的污染特征在不断地调整和采用新的政策工具。

首先，虽然我国现阶段的大气政策为防治大气污染起到了引导和规范作用，大气污染物的浓度在不断下降，但排放量仍然巨大，2017 年全国空气质量达标的地级城市仅占 27%；而且大气污染治理相关技术不太成熟，没有统一的质量标准。其次，因我国经济发展较快，地方政府可能为了政绩或区域经济发展，对大气污染不加重视，这就难以让治理政策发挥作用。最后，我国政策工具还处于起步阶段，不够成熟，难以解决当前大气问题。对此，我们主要从以下四个方面加以解释。

1）法律法规更新滞后，地方执法操作不规范

虽然现今我国大气污染政策的实施取得了不错的效果，但近年来我国经济处于高速发展阶段，大气污染也从原来的单一点源污染扩展到如今的复合型污染，呈现出经济发展和环境质量保护严重脱节的状况，现今大气污染防治法律法规的更新速度已难以跟上大气的污染速度，大气污染形势异常严峻，相关污染防治的法制发展道路仍任重道远。立法作为解决大气污染的根本，却无法满足新时代的需要和发展，修订和更新都存在一定的滞后性，有的法律法规竟然时隔 30 年才进行更新。相关大气污染的标准体系仍不完善，部分标准缺失，不利于污染的治理。我国对大气污染的防治仍有"先污染后治理"的模式，各地区在以 GDP 作为经济发展指标的同时仍会忽略其带来的大气污染问题，相关政策监管实施不到位。虽然我国对"两控区"的酸雨和二氧化硫在不断地实施控制，但治理效果不明显，区域性污染的扩大让污染形势愈发严峻。这时，一些软政策和滞后性政策带来的问题就更加凸显，它们已难以实现治理需求。

尽管包括《环境保护法》在内的相关法律文献都对中央政府下达的政策发布了具体的管理规定，但仍缺乏对地方政府的立法规范，各政府在执行政策过程中难以做到得心应手。例如针对大气污染区域性特征，各级政府通常只承担自己管辖范围内的责任，而缺乏地区间的协同合作，自扫门前雪的现象让大气区域污染特征难以缓解。我国对大气污染的监督管理机制也存在落实不到位现象，一些地方政府在环境质量监测方面弄虚作假，再加上地方政府治理压力和责任在政策下达中逐级递减，造成责任不落

实、管理不到位的现象，尤其一些企业在政策监管下仍存在污染防治不自觉、违法偷排现象。政府中有的部门存在职责和权限重叠，责任不清楚，以致遇到问题相互推诿，从而降低政策实施效率，不利于大气污染防治体系的建立。

2）财政支出和投入规模较小，财政支持手段单一

财政政策作为大气污染最重要的手段之一，既能为政府的管理提供财政支持，又能利用税费政策在市场上起到调节作用。中央政府为响应蓝天行动，为大气污染设立了专项基金用于中央对地方的移动支付，但是大气污染防治支出占污染防治总支出的比重在下降，2018 年节能环保支出占一般公共预算支出的 2.88%，在总支出中排名第六，教育支出占比最大，为14.59%[①]，所以，节能环保支出在公共支出中地位不够突出，同时在污染防治项目中，"大气"项目占比偏低，"水体"项目支出占比最大，对当今区域性大气污染特征来说，中央对节能环保的投入较少，尤其对大气污染的投入规模根本不能解决大气污染现状。另外，专项基金用于中央对地方的转移支付，加大了地方政府的治污压力，它们面临财政投入较小的情况，便会心有余而力不足，大气污染不仅得不到改善，还降低了财政支出的使用效率。

煤烟尘是大气污染的主要污染物，企业是大气污染源的主要主体，政府却要通过政府补助、税费形式让企业自行治理，殊不知大多数工业企业属于中小企业，其对废气治理的技术尚不成熟，也没有足够的资金规模来支持废气治理。虽然政府推出排污费补贴等其他补贴方式用于治理污染，但财政支出规模有限，企业治理需要很多资金，大部分企业仅通过自筹资金用于治理，这会加重企业的负担，不利于企业的长期发展。企业仍需要通过绿色信贷等其他财政方式来解决资金问题，不然企业的废气治理情况便难以改善，财政补贴也难以发挥作用。

3）环保税种存在问题，税收体系不完善

税收政策是政府最有效的调控手段之一，而我国大气污染税收政策处于起步阶段，形成了"收费为主，税收辅助，补贴配合"的税费政策局面。消费税作为大气污染相关的主要税目，主要针对汽车和成品油作了详细的税率规定，但高耗能的煤炭等未被纳入征税范围。成品油中有的污染较大但税率较低，因而税率设置不合理。有关资源税，例如原油和天然气，从量计征，单一环节，这就有可能导致开采企业在价格上做手脚，致

---

① http://www.sohu.com/a/293450504_776128.

使资源遭到掠夺性开发，造成资源积压。汽车尾气作为大气主要污染物，而我国在车辆购置税上只对新车采取一次性缴税政策，对存在污染问题更大的二手车却没有明确规定，所以仍不能解决相应排放物问题。

首先，与西方国家相比，我国现有的大气污染相关税收范围较小，税率设置和税收优惠不合理，混乱的收费政策不仅解决不了当前的污染困境，还会加重企业的税收负担。随着越来越多的商品进入流通市场，除了能给大气污染带来影响的摩托车、汽车、成品油等外，仍有相当一部分消费品可能对大气或者环境带来一定的污染，但我国没有实时对那些消费品进行检测，征税范围和税种也长期未更新，这不利于消费者达到绿色消费的目的。其次，排污费的收费标准低于企业治理成本、税费标准不规范，会使企业愿意采用较低费用获得更多收入。排污收费制度只适用于企业，但对日常的生活废气、废水却没有明确规定。最后，国家的环保税收优惠政策较单一，通常采用直接优惠和适时鼓励的模式，而对减污技术研发方面缺少鼓励政策。整体来说，我国关于大气污染的税收政策体系还有待完善。

4）能源结构有待优化，环境监察机制不健全

现阶段，我国能源结构可以概括为"富煤、贫油、少气"。虽然我国提倡发展清洁能源，但是我国煤炭储量仍为最大，燃煤产生的二氧化硫和氮氧化物是大气主要污染物，大气污染物的基数仍然很大，仍未摆脱对传统煤炭的依赖。我国对煤炭工业采用政策手段加以规范和引导，但是现有的政策对煤炭的限制太软。近年来虽然清洁能源替代、大气污染治理等对煤炭需求形成制约，但随着电力行业用煤需求增长，煤炭消费增长拉动产业发展，煤炭消费需求小幅增长①。部分地区还存在产业结构偏重、布局紊乱、能源结构调整不到位的现象，这是区域性污染特征的一大原因。所以，我们应该提高清洁技术，加强对化石燃料的利用率。我国对新能源投入力度较少使能源开发技术和能力有限，缺乏法律政策的引导使新能源发展缓慢。所以，从当前能源消费结构来看，以燃煤为主体的格局仍将继续维持。

环境保护工作在有相关法律支持的情况下，还得有监察制度对环境法律执行情况进行有效监督。对此，我们面临的问题有：首先，环境监察工作单一，我国现有的相关环境督查法律不健全，对相关规定标准实施设立不到位，督查中心在执法时只有检查、调查和建议权，而缺乏相应的手段对环境违规进行制约。其次，督查中心和地方政府相关部门职责划分不明

---

① 尹伟华.2018年能源消费形势分析与2019年展望［J］.中国物价，2019（02）：9－12.

确，在执法监察过程中易出现"重复检查"现象，易将环境监察稽查对象混淆，将监督管理的对象由下级环境监察部门错认为排污单位，从而对稽查工作的质量产生影响。最后，我国监察执法力度不足。我国环境保护工作已执行几十年，但部分员工思想观念落后，与理论知识丰富的新员工相比，执法人员水平不一，执法队伍整体素质不均衡；现在很多高科技设备也被逐渐运用到监察工作中，但因一些员工对新技术不能熟练运用而对环境检查和管理工作作用十分有限，以致影响检查工作的进度。

5.3.2　大气污染防治政策演进方向

我国大气污染政策随着污染物形式的变化在不断更新完善，但是在政策实施过程中还存在诸多问题，以至于让大气污染治理效果缓慢，不能有效地和我国经济发展相适应，因而在面对依然繁重的大气污染防治任务时，需要继续完善大气污染政策设计，进一步明确大气污染政策在未来的演进方向。

1）更加重视大气污染治理的体制建设

大气污染治理不仅需要政府的约束，还需要有企业和社会公众的参与。我国近年来虽然出台了很多相关法律法规文件，但是相关成文法和宪法的制度较少，有关较强约束力制度和技术政策类型的文件与国外相比仍有待完善。近几年我国根据大气污染的区域性特征和制度实施情况，不断完善大气污染治理的体制建设。

我国大气污染管理体制从"条条结合、块块结合"向"条块结合"转型，不断适应大气污染区域性和复合性的客观需求；各环保部门职责明确，协作配合，统一监督，提高政策的实施效率。为确保环保专项资金的使用效率和排污运行情况，不断加强企业主体责任的落实，借助现代化科技手段，提高环境监管和执法能力，加强一些非政府组织、企业等专业机构间的合作，充分发挥各机构有关治理大气污染资金、知识等方面的优势。借鉴国外治理经验，逐渐完善与大气污染治理相关的成文法和宪法条例，使法律法规有较强的约束力。在政府不同部门之间，中央与地方、地方与地方之间，政府、企业与公众之间要形成一种开放的、多元化的治理体制。

2）更加重视大气污染治理的机制创新

我国在执行"打赢蓝天保卫战"的任务过程中，相继投入了大量资金，提高了治理污染的能力。2018年投入200多亿元，是2013年的四倍，在各部门的配合下将财政专项资金用于清洁能源的开发、节能减排、新能源汽车的推广等方面，保障专项资金的使用效率。在健全资金投入机制的同时，不断进行机制创新。

在加强区域联防联控治理时，建立了区域联防联控合作机制，让区域内的大气污染实行统一的监管、预警和补偿等。大气污染治理攻坚战不仅需要政府投入，还需要社会各界参与，在确保企业责任的落实，逐渐建立监督管理机制，各部门在进行动态目标考核工作中，要严格督促企业整改，严防超标排放，实时监控重点工业企业排放情况，推进大气污染治理工作落实。结合减排指标和污染物总量控制制度，建立排污权的市场交易制度，有效控制和削减大气污染物的排放总量。因中央和地方事权和财权划分不明确，地方承担较多的事权和支出责任，"上提中央责任，下压地方责任"，将激励机制和考核机制用于政府，有效加强政府责任履行情况，推动大气污染防治工作从"要我治"向"我要治"转变，调动各部门积极性，加快实现空气质量改善目标，逐步形成行政管制、市场机制和公众参与相结合的区域多元化治理机制。

3）更加重视大气污染治理的技术研发

现阶段我国在大气污染治理技术方面，投入大量资金，致力把"科技治污"贯穿整个治理过程。我国在机动车、能源、重工业行业等多方面都有相关技术法律文件规定，鼓励技术创新和开发。先进的技术是环保企业发展的根本和直接驱动力。只有拥有先进技术的企业，才可以在竞争激烈的市场中占有一席之地。因此，想要抓住新的机遇，环保企业就必须不断地进行技术创新。

我国为大气污染治理技术投入资金，不仅在乎金额的多少，还在乎科技水平的高低。在环保政策推出速度快、力度大的现阶段，逐渐加强的政策约束要求企业必须不断进行技术开发，拥有具有整体性和前瞻性的技术。不断打破技术在地区和行业间界限，把好的科技成果用在大气污染治理设备、产品和服务等方面。对一些进行技术、设备、工艺改造，积极参与治污的企业予以奖励的政策，确保更多企业参与到治污行动中来。提高科技创新水平，推动企业生产高附加值的产品，使节能节水、环保、安全的技术推广到社会民众中，使全民共同参与大气污染治理。对一些能源勘测技术更应该积极鼓励，便于新能源的开发和推广，它能直接从源头解决污染源问题。技术创新需要探索，我们要重视设备的更新改造和绿色产品的开发和升级，提高基础研究科学认知能力，将科研成果和实践相结合以改善空气质量。

4）更加重视大气污染治理区域的协同工作

大气污染区域协同治理模式是在 2013 年"大气十条"中提到的。大气污染物的区域流动性和不可控性，让治理模式从"各自为政的属地治理"转向"区域协同治理"，实现"协商统筹、责任共担、信息共享、联防联控"协作机制。京津冀和长三角作为污染严重、合作紧密的地区，属地治理效果差，但存在共同的治理目标和不同的发展优势，这就需要共同合作解决当前大气污染问题，需要实行区域协同治理。

根据现阶段大气污染的特性，许多专家表示再多的资金也难以解决当前大气污染问题，我们应积极开展联防联控，建立健全区域协调治理机制。《大气污染行动计划》提出了区域协同治理模式，明确表示各扫门前雪的属地治理模式使大气污染防治难以缓解，需通过周边合作实现资源优化配置，共享资源和技术，相互支持，深化区域联防联控工作。长三角和京津冀地区的区域协同治理，也取得了显著的成效，一年内检测到的蓝天天数明显增多，不仅降低了属地治理成本，还提高了治理能力。因此，开展大气污染协同治理具有一定的必要性，臭氧污染严重的珠三角和以煤烟尘为主的汾渭平原地区都可采用区域协同治理。要进行区域协同体制创新，因地制宜地解决不同区域的污染问题，这样不仅可以加强中央和地方政府间的协同关系，还可以协调地方政府之间及公众和地方政府间的协同关系。同时，大气污染的特殊性，让区域协同治理成为改善空气质量的必要途径，能实现更深层、更精准的区域联防联控协同治理，能促进环境友好型社会的构建。

第6章　国外大气污染治理的经验与启示

　　大气污染问题是当今世界共性问题之一。其有三大特点：一是污染持续历史时间长；二是污染波及范围广；三是污染治理具有系统性、复杂性。大气污染问题产生的本质是化石资源的使用超过了环境承受能力，这与工业化进程紧密相关。从历史角度看，在工业化社会之前，人类也使用煤炭等化石燃料，但是利用规模、强度都不是很大，远低于自然环境的调节能力；而随着以蒸汽机为核心的工业化时代的到来，自然资源的使用需求被极大提高，化石资源燃烧排放逐渐超过环境承受力，大气污染开始显现。英国最早开始工业化革命，这是因为英国在大气污染治理方面具有较长历史，经验丰富。随着工业化的普及，越来越多的国家开始使用化石资源，导致大气污染逐渐演变成全球问题，严重威胁到人类健康与生存。尽管早期大气污染并未大规模引起人们的重视，但是大气污染的治理已经开始零零散散地出现；随着大气污染加剧，大气污染的治理更加受到重视，治理的方式也越来越系统化，英国在这方面尤其突出。

　　目前从已有的大气污染治理经验看，大气污染治理是一个系统性复杂工程，其主要在于三方面原因：一是污染源多而广，包括工业燃烧、汽车尾气、家庭燃烧等；二是大气污染属于全域性而非区域性问题，大气污染随大气运动而扩散，局部治理无法根治大气污染；三是大气污染治理不单纯是治理问题，也是发展问题，即需要协调统筹经济社会与生态文明。本章列举了主要工业化国家治理大气污染经验，从政府、企业、公众三个角度梳理各个国家治理大气污染的过程，总结各个国家治理大气污染的特点与经验，从而为我国大气污染治理提供参考。

6.1　国外治理大气污染的经验

6.1.1　英国治理经验

　　英国是最早进入工业化的国家，也是最先受到工业化和城市化负面效应的国家。因此，英国治理大气污染的时间周期最长，经验也最为丰富。不同的历史阶段，英国的大气污染源不同，其治理的方法经验也有很大差别。根据英国大气污染的特点以及政府治理污染的措施，英国治理大气污染进程可以分为三个历史阶段。

第一阶段，13 世纪到 20 世纪 50 年代。这一阶段的一个重要特点就是应对型治理大气污染，一边污染环境一边进行整治。这一阶段前期，英国处于第一次工业革命的前沿阵地。第一次工业革命的一个重要特点是将煤作为工业燃料，这造成了严重的大气污染，也引起了最早的大气污染治理。为了减少燃煤带来的空气污染，英国政府于 13 世纪上半叶后期采取相应措施，限制煤炭燃料的使用量。然而，初期的治理，并没有遏制大气污染蔓延的势头。

这一阶段中期，蒸汽机产生的大量工业烟尘，成为主要污染源；另外，其他工业（如碱业）排放大量酸性物质，产生有毒气体。在人们强烈的抗议下，英国政府于 19 世纪前期出台法令治理烟尘污染，比如《德比法案》《利兹改善法》《烟尘禁止法案》等，然而由于法案涉及范围不全面、制定方法不科学、执行不严格等，并没有产生明显的改善效果。虽然烟尘治理没有多大改善，但是在治理酸性气体排放等方面，立法起到了作用。1863 年，《制碱法案》出台，随后制碱工业排放的酸性气体得到了遏制，在一定程度上改善了空气质量。随着工业化程度的加深，工业得到了极大发展，而相关的环境治理手段却远远落后，导致越治理，污染越严重。

第二阶段，20 世纪 50—80 年代。该阶段的特点是空气污染治理得到了前所未有的关注，空气质量得到改善。该阶段的一个重要形成原因是 20 世纪五六十年代伦敦发生的严重雾霾事件，该事件造成了重大的经济社会损失，极大地唤醒了英国各界对大气污染的关注。基于伦敦雾霾的影响，1955 年，英国出台了具有里程碑意义的空气污染防治法案《清洁空气法案》。另一方面，在这一阶段，英国的能源结构也发生了很大转变，逐渐从污染高的煤炭转向更为清洁的油气能源，这也是该阶段英国大气污染减少的重要原因。尽管该阶段空气污染治理取得了重大进展，烟尘、烟雾、雾霾的污染程度极大减轻，但二氧化硫等不可见污染物导致的污染依然不容忽视。

第三阶段，20 世纪 80 年代后。该阶段的污染源已不再是传统的烟尘等燃煤颗粒，而是由机动车排放的尾气以及温室气体。其主要原因是汽车工业的迅速崛起以及石油天然气的大量应用。这一阶段治理污染的手段也更为丰富，治理的方法也更加有效治本，除了采取立法等强制手段外，政府更加注重采用经济、舆论等手段治理大气污染。另外，这一阶段社会群体环保意识以及主动性增强，大量环保公益组织成立。

由于英国长期坚持不懈地进行大气污染治理，建立起了相当完善的大气污染治理体系，被视为大气污染治理的成功典范。本节将从政府、社会、市场三个角度阐述英国大气污染治理的经验。

英国政府对大气污染的治理经过长时间的历史实践，积累了大量教训与宝贵经验。本节将从立法、行政、经济手段等角度梳理英国治理大气污染的历史经验。

1）立法手段

从英国治理大气污染的历史可以看出，英国自始自终都非常重视对大气污染治理的立法工作。在大气污染的治理中，英国逐渐建立了完善的法律体系，为大气污染防治打下了坚实的法制基础。但是英国大气污染立法并非一帆风顺，早期立法也有不足之处，其主要有以下不足：

第一，国家立法滞后于地方立法。工业化时期，英国工业主要集中在大城市，因此大气污染首先发生在这些城市。因此，污染严重的地方率先立法，比如《德比法案》《伦敦公共卫生法》《利兹改善法案》，这些都是地方政府制定的地方性法律。由于立法的分散性，污染的源头会迁移到没有立法的地区，导致区域性的大气污染无法得到有效治理，暴露了地方立法的局限性。

第二，立法缺乏系统性、主动性。早期经济发展以及工业化是国家重点，并且缺乏大气污染的相关经验，导致立法缺乏前瞻性、预见性。《烟尘禁止法案》《制碱法案》等法案的制定，都是由于烟尘和酸气对人们的生活和健康造成了严重影响，政府才开始制定法律限制烟尘和酸气的排放。另外，可以看出，每个立法都有很大的局限性，立法都针对相关行业，并没有系统地将各个行业进行统筹考虑；也没有针对家庭燃煤的相关立法。

第三，行政命令法律化。政府为了有效治理大气污染，主要通过立法把行政命令上升到法律层次，一方面造成法律条款繁复，标准滞后、修订及废止麻烦，另一方面造成行政手段单一、僵化，不利于提高大气污染防治的效率。

尽管如此，立法还是规范了治理行为，尤其是通过法律的形式规定了一些环境标准。这样不仅可以避免环境治理的随意性，还可以防止腐败行为的发生。为了应对大气污染的实际变化，英国政府不断修订和制定新的法律。比如《制碱工厂法》曾经经过多次修订，不断扩大治理规模和细化治理标准。另外，1956 年制定的《清洁空气法案》是英国第一部主要针对煤烟治理的空气污染防治法律。直至 20 世纪八九十年代，大气污染物由煤烟变为机动车尾气，原先制定的法律已不再符合实际情况。于是，英国政府又出台了《环境保护条例》《机动车辆（制造和使用）规则》《烟雾探测器法》等法律。英国的立法工作始终针对实际的污染情况和保护公共利益，使法律体系更加完备规范，为法律的有效实施奠定了基础。在新时期，英国大气污染防治立法呈现出以下较为完善、成熟的特点：

第一，立法系统化趋势明显。随着大气污染防治的深入，各种大气污染要素之间的联系与关联性得到认识，系统性治理逐渐显现。英国于 1990 年通过了《环境保护法》，该法把环境看作一个整体，对环境进行统一控制。

第二，立法战略性增强。20 世纪 70 年代后，英国环境立法呈现出计划性立法趋势，环境法律的目的性、计划性和前瞻性增强。20 世纪 70—90 年代，英国制定了多部法律治理大气污染。

第三，立法技术性突出。随着科学技术进步，英国政府不断改进空气质量检测方法，并提高了相应的大气污染排放标准。比如英国在 1973 年制定的《机动车辆制造和使用规则》，规定禁止使用尾气不达标的车辆，并积极采用新技术来解决汽车尾气和耗油量的问题。

2）行政手段

行政手段是治理大气污染最主要的手段之一，英国在治理大气污染时，采取了以下行政手段：

第一，成立专业机构进行资源管理和污染控制。首先，建立科层制的污染控制机构，分别应对空气污染、水污染、危险废弃物和固体垃圾。其中，在中央一级有三大环境管理机构①：（a）环境部，主要职能是制定政策法规和进行监督管理，负责全国的建设规划和环境保护；（b）皇家环境污染监督局，负责监督各环境要素的综合污染控制，起到科层的协调作用；（c）全国河流管理局，负责全国水资源的保护、污染控制和开发利用。其次，成立了内阁委员会。由于环境问题较多，内阁委员会的主要任务是协助政府解决环境问题，使环境问题能够迅速解决。再次，成立了各种咨询机构。为了便于人们了解环境方面的问题，英国设立了各种咨询机构。各机构由具有相关科学知识和专业特长的专家组成，能够更准确地解

---

① 杨娟. 英国政府大气污染治理的历程、经验和启示［D］. 天津：天津师范大学，2015.

答相关环境问题。

第二，制定污染物的排放标准。通常情况下，英国有三种分类标准：ⓐ履行标准；ⓑ基于技术的标准；ⓒ规定必须使用具体的某种技术的标准，即为了公众健康，在工业生产中必须使用某种转化技术消除特定污染[1]。伦敦市为了改善空气质量，专门发布《伦敦空气质量战略》，对交通系统如何减少排放作出了具体而严格的规定。对于公共汽车的减排治理，政府有三条举措（杨娟，2015）：ⓐ规定公共汽车的排放标准，要求所有车辆到2015年实现欧Ⅳ排放标准；ⓑ规定公共汽车的技术标准，即要求所有公共汽车都要安装尘粒捕集器；ⓒ引进电动车、新能源车等更加清洁的车辆。

第三，成立专家顾问委员会[2]。英国政府在进行大气污染治理之前，一般会成立由专家组成的调查委员会，为政府部门治理污染提供意见报告。在19世纪40年代，曾经有两个专门委员会调查过烟尘问题。在1952年大烟雾事件发生后，政府首先任命了比弗委员会开展调查工作，随后根据比弗委员会的调查报告制定法律，开展相关的治理工作。由于大气污染相当复杂，所以成立专家咨询委员会可以充分利用专家的专业知识，保证治理工作的科学性；同时，大气污染治理不可避免地触及一些行业或者人群的利益，专家咨询委员会的中立地位可以保证其调查结论避免利益的影响，保证治理工作的公正性。

3）经济手段

在大气污染治理中，英国积极发挥了市场机制。一方面，运用准市场激励的方式来治理大气污染，即通过政府制定相关标准和收费进行污染控制，向威胁这一标准的行为征收税款或者费用，税额根据排放行为造成污染的货物量或污染行为本身确定。例如为了符合欧盟相关标准，在2003年，伦敦市政府开始对进入市中心的私家车征收"拥堵费"[3]。另一方面，充分采用经济激励机制。英国在治理大气污染的过程中，运用最佳可得技术（BAT）标准。为了使污染程度降到最低，英国批准行为人可以使用最有效的经济手段，充分表现了经济激励机制的灵活性。

4）引导公众参与

一直以来，英国公众都非常关注大气质量，是大气污染得以解决的关

---

① 杨娟. 英国政府大气污染治理的历程、经验和启示［D］. 天津：天津师范大学，2015.

② 杨娟. 英国政府大气污染治理的历程、经验和启示［D］. 天津：天津师范大学，2015.

③ 欧盟要求其成员国2012年空气不达标的天数不能超过35天，否则将面临4.5亿美元的罚款。

键力量。首先，英国居民具有强烈的环保意识。如果大气质量危害到居民的健康，他们就会利用选票来推翻治污不利的政府和拒绝购买不达标企业的产品。如此一来，既可以推动政府和企业治理大气污染，也可以转变环境治理的方式。其次，非政府组织在治理大气污染方面也做出了贡献。非政府组织不断扩大规模，纷纷建立起来。截至 1970 年，有 250 万 ~ 300 万名英国公民加入了至少一个环保组织[①]。非政府组织积极宣传保护环境的重要性，使公众更加关注环境问题，并增强了节约能源的意识。再次，公民享有环境知情权、参与环境决策权和环境公益诉讼权。英国公民积极参与到大气污染的治理中，如今以民事诉讼起诉违反相关法律法规的行为已经越发流行起来。

5）企业参与治理

在英国治理大气污染的过程中，一方面，英国政府加强对企业的管理。英国不断加强对企业的监管力度。对于造成大气污染的企业，英国政府将会对其进行严厉整治。如果被整治企业仍然不改正，就会面临停产风险。另一方面，企业也积极进行治理。首先，企业重视科学技术。为了降低污染程度，企业积极运用科学技术进行生产。比如企业积极运用大气污染控制技术进行生产，优先选择无污染的生产，从根本上防治大气污染。其次，企业严格把关生产的选材。企业进行生产前，会优先挑选合适的原材料，从而有效地减轻污染。再次，积极安装废气的净化装置。在治理大气污染的过程中，控制污染源是关键。企业从污染源处着手，积极安装净化装置，进而改善大气质量。

6）英国治理模式

英国工业化时间最长，治理大气污染的经验也最为丰富。

第一，在政府层面上，立法、行政、经济手段并用。首先，英国政府十分重视立法工作，不断完善和修订相关法律。不同时期英国立法特点明显，在早期，立法具有地方立法早于国家立法、立法缺乏主动性和行政命令法律化等特点；在新时期，英国大气污染防治立法较为完善，具有立法更加系统化、战略性增强和科学技术突出等特点。其次，行政手段与经济手段得到了充分发展：行政上，英国不仅成立了专业机构和专家顾问委员会，还制定了污染物的排放标准；在经济方面，充分发挥市场机制，运用经济激励和准市场激励机制。

第二，民众积极参与大气污染防治。英国公众是推动英国治理大气污

① 王越. 英国空气污染防治演变研究（1921—1997）［D］. 西安：陕西师范大学，2018.

染的终极力量。民间的环保组织一直存在，公众具有强烈的环保意识。

第三，企业积极配合大气污染治理。企业积极运用科学技术，采用无污染的工艺，严格把控生产程序。

6.1.2　美国治理经验

随着工业革命的深入发展，美国的大气污染问题越来越严重。工业化促进经济快速发展，城市化越来越明显。在这一过程中，空气质量越来越差。从工业化开始到19世纪40年代，美国的大气污染主要有两种类型：煤烟大气污染和光化学烟雾。自19世纪以来，美国的煤炭资源非常丰富，美国在大量使用煤炭发展经济的同时，也对城市空气造成了严重的影响。由此，美国形成了早期的煤烟大气污染。20世纪初，美国的能源结构发生了变化，石油的比例大幅度上升。一方面，汽车排放大量尾气；另一方面，炼油厂、石油化工等工厂排放二氧化硫、碳氢化合物等空气污染物，加重了城市污染问题。整个城市被阴霾笼罩，在这样的环境中生活，城市居民出现了咽喉肿痛、头昏、头痛等身体不适。此后，美国光化学烟雾出现更加频繁，带来了许多负面的影响。它不仅损害了市民的健康，还导致了交通事故。大气污染所造成的严重后果引起了美国全社会的关注，要求治理大气污染的呼声也越来越强烈。因此，美国政府、相关企业、社会民众纷纷采取一系列措施。

1）立法手段

美国的大气污染防治立法从城市和州政府开始，再到联邦政府的介入，地方立法先于政府立法。为了解决各大城市日益严重的环境问题，一些城市率先开始制定一些法律。表6-1所示为美国19世纪以来制定的主要法律法规。

表6-1　美国主要相关法律法规

年份	法律	主要内容
1895	《烟尘控制法令》	控制城市烟尘排放
1955	《空气污染控制法》	实行统一的空气立法，对空气污染实施控制
1963	《清洁空气法》	规定了联邦政府制定国家空气质量标准，各州负责执行
1967	《空气质量控制法》	要求制定州环境空气质量标准
1969	《国家环境政策法》	建立了环境质量委员会并确立了国家环境保护目标

年份	法律	主要内容
1979	《清洁空气法（修正案）》	增加了防范酸雨，严格限制和规定排放二氧化硫和氮氧化物的企业
1999	《区域雾霾法规》	根据各州的实际情况，为各州的法律制定提出要求
2005	《国家能源政策法》	设立可再生能源激励机制，鼓励开发太阳能、地热、生物能等能源
2005	《清洁大气州际规则》	规定了以州为单位的排放总量控制制度与交易措施
2009	《清洁能源与安全法》	设置温室气体排放上限，控制温室气体污染
2011	《州际空气污染规则》	要求各州减少发电厂排放，提升空气质量

　　美国十分重视立法工作，制定了一系列法律法规。1815 年，匹兹堡市针对煤烟问题，率先颁布了防治煤烟空气污染的法律，标志着美国立法的开始。由于空气污染的治理效果并不乐观，为了解决城市的烟尘问题，匹兹堡市于 1895 年通过了《烟尘控制法令》。随后，其他城市也建立起相关法律法规，比如俄勒冈州于 1952 年颁布了第一部综合性的空气污染控制法，建立了州政府的控制污染控制机构。

　　直到发生了多诺拉烟雾事件和光化学烟雾事件，这才引起美国联邦政府的重视，促使联邦政府出台一系列法律法规。1955 年，美国国会通过了第一部联邦空气污染控制的立法——《空气污染控制法》，并在执行的过程中根据实际情况对其不断进行完善。然而，空气污染的治理效果并没有达到预期，于是美国国会通过了《清洁空气法》，明确了联邦政府和各州的责任与义务，由联邦政府制定国家空气质量标准，各州负责执行。为了使立法内容更加具体和与时俱进，联邦政府积极制定和修订相关法律。1963—1970 年，美国国会先后通过了五个相关法案，空气污染的立法工作变得更加全面。通过对《清洁空气法》不断补充与修订，美国国会于 1979 年颁布了《清洁空气法（修正案）》。这些不断完善的法律法规，虽然极大地改善了空气质量，但一些城市的污染物，如臭氧、一氧化碳和微粒物持续存在，美国便又出台了一些相关法律。1990 年后，美国又颁布了几项与《清洁空气法》实施效果有关的法律。1993 年，克林顿政府出台《气候变化行动计划》，争取 2000 年温室气体排放量达到 1990 年的水平。1999 年，国会颁布了《燃料管制救济法》。2005 年，国会颁布了《2005 年国家能源政策法》。

2）行政手段

第一，建立区域联动管理机制。首先，从法律上规定了统一的监督和执行机构。在《清洁空气法》这部法律中，成立了环境保护署，作为区域大气污染联防联控的统一监管机构，并设立区域办公室，共同治理大气污染，从而推动区域联动机制更好地运行。其次，设立臭氧运输协会。为了加强州与州之间的合作，避免产生利益冲突，共同讨论臭氧问题如何解决，基本上控制了州际大气污染，为各国治理大气污染提供了经验。再次，建立跨区域空气质量管理机构。主要解决在跨界治理大气污染时出现的问题，比如地域差异、责任主体不明等问题。

第二，践行"节能减排"理念。首先，采用税收手段和经济手段。为了达到节能减排的目标，联邦政府鼓励企业积极开发新能源以及改变能源消费结构。其次，联邦政府提供一些政策支持研发新能源。比如为研发新能源的企业进行财政补贴和减免税收。纵观美国在大气污染方面取得的成效，可见实施节能减排对于各国大气污染的治理具有重大意义。

第三，设定污染物标准。美国环保局根据有害空气污染物和新污染源设定了标准，不仅对二氧化硫、氮氧化物和颗粒物等常规污染物进行处理，还关注汞、苯、核素等特定的大气危险有害污染物的处理。美国环保署早在 1997 年 7 月就率先提出了将 PM2.5 作为全国环境空气质量标准。

3）经济手段

美国在治理大气污染时，十分注重市场经济运行规律，并在此基础上，将环境政策的行政控制与环境经济政策相结合。一方面，利用市场信号的变化来引导污染者的行为。这样的话，可以改变污染者的行为，使他们担起保护空气质量的责任。另一方面，试验排污许可证制度。从 20 世纪 90 年代开始，美国正式将许可证制度和排污权交易计划列入 CAA 修正案，并大力执行，这种以市场为基础的制度和措施在很大程度上降低了其污染控制成本，并取得了很好的环境和经济效果[①]。

4）企业参与治理

首先，企业的改良发展成为治理大气污染的有效推手。联邦政府和州政府积极加强与企业之间的合作对话，听取企业的意见和建议，在制定具体措施时兼顾全社会众多企业的利益，企业积极发展清洁能源和进行清洁

① 高明，廖小萍. 大气污染治理政策的国际经验与借鉴［J］. 发展研究，2014（02）：103 - 107.

生产①。其次，美国企业严格按照标准排放，落实国家的环保政策，为大气污染的治理出力。再次，企业进行产业结构调整和升级。电子、通信、生物技术、高科技含量的新兴产业，已经取代了排放大量大气污染物的能源、石化、机械制造业。最后，企业严格遵守美国环保署的细颗粒物排放源的规范和指导，鼓励清洁能源的使用。另外，生产符合新排放标准的产品，减少大气污染物排放。

5）公众积极参与

除了政府和企业积极参与治理外，公众在大气污染的治理中起着关键性的作用。首先，公众积极监督空气质量信息。社会公众通过输入住址的邮政编码，不仅可以查阅当地的空气指数，还能够查看整个国家的空气质量指数图。美国公民可以对 PM2.5 的标准监控程序进行监督，根据公布的全年监测统计和日常监测数据，参与所在州的环保机构举行的公共听证会②。其次，对于各级环保组织人士，联邦政府和州政府采取支持、援助或资助的方式促进其发展，以更好地参与环境问题的研究。再次，由于空气污染严重影响了每个公民的身心健康③，一方面，建立了环境公民诉讼制度，通过法律形式确保公民的切身利益。另一方面，积极宣传环境保护的重要性，动员每个人积极投入环保事业的运动中。最后，积极完善大气污染信息公开制度。美国联邦和各州通过警示标志、电视、广播或新闻的方式向公众发布大气环境信息，定期公布哪些区域的空气质量超出了国家标准或前一年度哪些时间超出了标准。这一方面能有效告知民众，提醒民众大气污染对健康的危害；另一方面，也可以提高公民的环保意识，普及提高空气质量的方法，保障公民参与监管的途径，以及其他环保举措。

6）美国模式

美国大气污染的主要类型煤烟大气污染和光化学烟雾，严重威胁了人们的身体健康，引起了社会各界的关注。因此，美国政府、相关企业和社会公众纷纷采取了一系列措施。第一，在政府层面上，立法、行政和经济手段并用。首先，美国十分重视立法工作。美国的立法特点是地方立法先于政府立法。在立法的过程中，美国政府不断完善和修订相关法律，从而达到了很好的治污效果。其次，美国实施了有效的行政手段和经济手段。在行政方面，美国引入了区域联动管理机制和践行"节能减排"理念。在经济方面，美国重视以市场经济运作规律为基础的经济手段，不仅利用市

---

① 徐苗苗. 美国大气污染防治法治实践及对我国的启示［D］. 保定：河北大学，2018.
② http://www.csmayi.cn.
③ 徐苗苗. 美国大气污染防治法治实践及对我国的启示［D］. 保定：河北大学，2018.

场信号引导污染者的行为，还试行排污许可证制度。第二，美国企业的改良发展推动了大气污染的治理工作。企业积极发展清洁能源、进行清洁能源生产、进行产业结构升级调整和严格按照标准排放。第三，美国公众也积极参与到大气污染的治理中。一方面，公众主动对空气质量进行监督；另一方面，在政府的一系列政策之下，社会公众受鼓动而参与治理。

6.1.3　日本治理经验

19 世纪后期，日本增产兴业，大规模发展炼铜业、炼铁业和纺织业，实现了经济的快速发展，但也导致了局部地区的大气污染。此外，火力发电厂、锻造业工厂和机动车等排放大量废气，加剧了大气污染的危害程度，严重影响了日本公众的生活。其中，对大阪的影响最大。为了减轻大气污染的危害，大阪曾多次限制工厂建设，但工厂形成的煤烟问题仍导致纠纷不断。第一次世界大战结束后，日本重工业快速发展，煤炭使用量逐渐增多。在当时，工厂产生的黑烟标志着工业化发展。

20 世纪五六十年代，日本经济高速发展，能源消耗不断增加。随着经济的迅猛发展和能源的不断消耗，日本的空气质量越来越差。当时经济的发展以消耗煤炭为主，从而导致各地频发以煤尘和硫氧化物为主的大气污染。20 世纪 50 年代后半期到 70 年代，日本发生了严重的四大公害事件。日本的公害事件震惊世界各国，给日本人民的生存环境带来了极其恶劣的影响。公害事件导致日本全国"四日市哮喘"的患者达到 6 000 多人，由于没有采取积极应对措施，经济损失达到每年 210 亿日元[①]。如此严重的大气污染引起了日本全体成员的高度关注，并在社会上发起了反公害运动。因此，日本政府、相关企业和社会公众等多元化主体开始推进了一系列政策。

1）立法手段

大气污染的日益严重使日本政府和公众都意识到，经济的快速增长与大气污染防治是对立的，我们必须改变这样的局面，否则将会严重威胁到人们的生存环境。政府开始非常重视大气污染的立法工作。因此，从 20 世纪 60 年代开始，日本政府出台了一系列治理大气污染的法律法规。表 6 - 2 为日本 20 世纪 60 年代以后制定的主要大气污染法律法规。

---

① 郝铄．摸索中前行的日本大气污染治理［J］．科学新闻，2017（03）：54 - 56.

表 6 – 2　　日本 20 世纪 60 年代以后制定的主要大气污染法律法规

年份	法律	内容
1962	《煤烟排放控制有关法律》	严格控制煤烟排放，是日本第一部空气污染控制法
1967	《公害对策基本法》	针对公害问题，提出相应的解决对策
1968	《大气污染防治法》	尤其对硫氧化物和机动车尾气有针对地进行防治
1971	《关于在特定工厂设置公害防止组织的法律》	规定污染源的企业要配有公害防止管理员，并对管理员提出要求
1973	《关于公害造成健康受害者补偿法》	对居民健康方面做出了规定，一旦损害居民健康，排放超标的企业需承担相应的责任
1993	《环境基本法》	进一步修改和完善了治理公害和保护环境的法律
2000	《大气污染防治法》	规定了大气污染总量控制制度
2003	《排污费征收标准管理办法》	加大了机动车的氮氧化物排放控制力度
2010	《川崎市防止地球变暖对策的推行计划》	降低了二氧化碳的排放量

其中，1962 年日本出台了第一部空气污染控制法——《煤烟排放控制有关法律》，但是该部法律并未有效阻止大气污染恶化。随着大气污染越来越严重，日本发生了非常严重的四大公害事件，之后日本将大气污染称作"公害"。为了有效减轻公害带来的危害，急需更为有效的立法。随后日本政府出台了《公害对策基本法》，该部法律是日本防治大气污染的基本法律，具有重大作用。

在此之后，日本政府根据实际情况，修改和制定了 14 部大气污染法案，从而形成了大气污染防治的基本法律框架。在 20 世纪六七十年代，机动车的数量不断增多，机动车尾气构成了大气污染的重要来源，促进了《大气污染防治法》的产生。然而，机动车的普及速度很快，尾气治理严重滞后，导致机动车尾气的治理情况并不乐观。1971 年，为了增强企业的环保意识与责任，日本颁布了《关于在特定工厂设置公害防止组织的法律》，对污染源的企业进行了规定，规范了企业的行为：要求必须配有公害防治管理员，在污染防治方面，管理员需具备相关的专业知识以及通过国家的相应考试。1973 年，在《关于公害造成健康受害者补偿法》中明确了企业的责任。其中对居民健康方面作出了规定，一旦公害影响居民的健康，可支付相应的医疗费、赔偿费等，这些费用主要来源于排放超标的企业、国库和地方政府。1993 年的《环境基本法》，则进一步修改和完善了治理公害和保护环境的法律。另外，一些地方性法律法规在治理大气污染方面也起到了重要作用。例如 2003 年，东京立法要求汽车加装过滤器，并禁止柴油发动机汽车驶入该市。东京所有出租车均被要求使用天然气作为燃料，这进一步减少了空气的雾霾浓度。

日本的大气污染立法涉及政府、企业、公民，各方面立法较为健全，但是总体上立法处于被动立法状态，缺乏前瞻性、系统性、主动性的大气污染防治战略。总之，从《公害对策基本法》到《环境基本法》，标志着日本的大气污染立法不断得到完善，大气污染防治体系逐渐形成。

2）行政手段

在治理大气污染的过程中，日本的法律法规日益成熟。同时，日本政府还采取了一系列行政手段。首先，日本环境行政部门对企业的经济活动进行了干预，严格处置不达标企业。一旦发现超过排放标准的企业，便令其停产或要求其转产，而剩下的企业也引以为戒，积极采取环保措施，防止责令停产。城市绿化也是日本治理大气污染的重要措施。东京规定，企业在建设大楼时必须规划绿地，同时必须搞楼顶绿化。其次，日本政府投入大量资金治理环境。其中直接用于治理环境污染的财政预算增长了 1.3 倍①。再次，建立环境教育体系。日本将公害教育加入中小学的教材里，环境教育体系涉及范围较广，覆盖了初等和高等教育。最后，建立完善的大气质量监测体系。大气质量监测体系由中央政府统一规划，地方政府负责运行和维护，并及时公布监测点的数据，以便公众查询。日本通过这些行政手段，更加有效地推进大气污染法规的执行。

3）经济手段

日本政府不仅注重引入市场机制，还积极发挥经济杠杆作用，建立以市场驱动为基础的激励机制。首先，完善碳排污交易市场和排污权交易市场，并加快完善市场机制。日本通过健全排污收费机制手段促进市场自我调节，从而有效地治理大气污染。其次，拓宽环保资金的来源渠道。比如日本政府进行排污收费、环保税收、环境基金等多种渠道保证资金来源。

---

① 蒋峰，赵彩霞. 日本治理大气污染公害事件的经验与启示 [J]. 黑龙江科技信息，2016 (24)：32.

再次，通过补贴和低息贷款提高企业和家庭的环保意识。当企业或家庭购买节能设备时，日本政府会给予一定的补贴和低息贷款。最后，通过政策补贴和税收优惠，推广使用清洁能源汽车。对低公害的汽车实行低税率并减免停车费，对天然气公交汽车的购置给予财政补贴①。

4）企业参与治理

在对大气污染治理的过程中，日本政府非常重视企业的大气污染治理工作。因此，日本政府制定了一系列法律法规对企业进行了严格控制和管理，比如制定污染物排放标准、严格处置排放超标的企业和污染赔偿制度等。特别是1973年制定的公害健康补偿法中，明确了企业的责任。其中，日本对居民健康方面作出了明确的规定，一旦大气污染损害居民的健康，排放超标的企业需承担医疗费和赔偿费。面对如此严重的损害赔偿，日本企业开始注重污染的防治。一方面，对于政府强制性的法律规定，企业被动地采取措施来治理大气污染。第一，升级改造污染物处理技术。企业采用脱硫脱硝设备，配备专业管理人员，与政府签订环保协议等。企业通过一系列的措施，使得二氧化硫、氮氧化物等废气大幅下降，工业废水的排放也大幅减少，日本的环境质量得到了明显改善。第二，相关企业优化能源结构，促进清洁能源替代高污染的化石能源。煤炭燃烧会释放出大量的粉尘、二氧化硫等污染物，清洁能源可以避免这个问题，有利于改善大气污染状况。另一方面，企业也主动地采取措施加入大气污染的治理中。首先，注重技术研发。企业十分重视发展技术，并不断加大防治公害设备投资和技术研发投入，并且配备专门的公害防治管理人员。其次，不断加强监管与沟通。在企业安排人员方面，进行合理分工，便于责任落实，便于监管与沟通。在高层中配有防治公害的总负责人，在总负责人下面配有主任管理人员。

5）引导公众参与

社会公众是大气污染治理的重要力量，他们的日常行为影响着大气污染治理的进程。从20世纪90年代开始，日本政府便极其重视引导社会公众参与治理大气污染。在日本政府的引导下，社会公众积极参与到大气污染的治理工作中去。首先，日本政府引导社会公众进行绿色消费。政府积极倡导社会公众在日常消费中，尽量选用无污染又有利于健康的产品；在日常出行中，尽量选择步行或公交车来代替私家车；在日常生活中，少使用一次性制品和节约使用水、电、气等公共资源。其次，公民积极监督大

① 孙方舟. 日本治理大气雾霾的经验及借鉴［J］. 黑龙江金融，2017（09）：56-58.

气污染的治理。公民在生活中时刻监督大气污染状况，并且通过听证会或民意调查等渠道，表达自己的建议与意见。再次，环保机构严格监督企业的污染物排放总量。一旦发现企业并没有按照标准进行污染物排放，那么相关负责人就要接受刑事处罚。最后，民间组织始终推动着大气污染的治理工作。这些民间组织不仅自觉监督政府的行政措施、法律措施以及企业的排污情况，还积极向政府、企业表达意见和提供建议，从而使日本的大气污染治理工作更加有效地开展。

6）日本模式

日本增产兴业，在经济得到快速发展的同时，也带来了严重的大气污染。直至后来的公害事件，引起了日本民众和媒体的关注。因此，日本政府、相关企业和社会公众等多元化主体开始推进一系列政策。

第一，在政府层面上，立法、行政和经济手段并用。首先，日本政府十分重视立法，制定了一系列法律法规。日本为了解决实际出现的问题，进行修订法律。其次，日本采取了行政手段和经济手段。在行政上，日本进行了严格的行政干预。比如责令不达标的企业停产、建立大气质量监测体系和投入资金等；在经济上，日本注重引入市场机制。通过税收减免、完善碳排污交易市场和建立排污权交易市场等手段加快完善市场机制。

第二，企业逐渐注重污染的防治，积极采取措施参与治理大气污染。比如升级改造污染物处理技术、优化能源结构、注重技术研发和加强监管与沟通。

第三，日本政府积极引导社会公众进行绿色消费，并且社会公众也积极主动采取措施参与治理。一方面，环保机构严格监督企业的排污情况；另一方面，民间组织发挥着重要作用，不仅监督企业的排污治理，还积极为政府建言献策。

6.1.4　德国治理经验

德国的工业化程度极高，随着工业化的不断发展，德国也面临着严重的大气污染。从 19 世纪工业化开始，德国并不重视大气污染，几乎没有采取相应的措施进行治理，这种情况一直持续到 20 世纪 60 年代。尤其是英国伦敦发生的震惊世界的烟雾事件，也没有得到德国的重视，由于当时的德国处于战后恢复期，急需发展经济。直到 1962 年，德国鲁尔区的大气污染情况极其恶劣，这才引起了德国全社会的关注。当时的鲁尔区遭遇了严重的雾霾天气，污染最严重时，白天如黑夜，这次雾霾事件导致了 150 多人死亡①。

从 20 世纪 60 年代开始，德国的空气污染物是不断变化的。根据污染物的变化情况，德国的治理目标也不断更新。在 20 世纪 60 年代，空气污染物主要是烟尘和污垢，德国致力于还鲁尔区一片蓝天；到了 20 世纪七八十年代，二氧化硫和氮氧化物成为治理的主要目标；从 20 世纪 90 年代中期开始德国关注臭氧；近年来，空气污染物新增了细颗粒物，即备受关注的 PM2.5。从以上内容可以看出，空气污染物具有多样化和复杂性。面对日益严重的大气污染，德国政府、企业和社会公众积极投入了大气污染的治理工作。

1）立法手段

德国从法律上严格把关空气质量，制定了严格的法律法规。表 6 - 3 为德国自 20 世纪 60 年代以来制定的主要法律法规。其中，《雾霾法》是德国地区第一部空气污染防治法，其在该部法律中设置了浓度最大值。德国十分重视对大气污染的防治工作，并将其纳入德国的环保计划。由于工业化的深入发展，很多工业企业排放大量废气、废水，大气污染加剧，于是《联邦污染控制法》便产生了，其中规定了严格的排放标准，从而约束了工业企业的行为。该部法律经过不断完善后，规范了企业的排放标准，取得了良好的治理效果，成为德国最重要的法律之一。

表 6 - 3　德国主要法律法规

年份	法律文件	内容及意义
1964	《雾霾法》	规定了空气污染浓度的最大值
1974	《联邦污染控制法》	对大型工业企业制定了更严格的排放标准
1979	《关于远距离跨境空气污染的日内瓦条约》	各国之间加强合作，协调排放政策
1999	《哥德堡协议》	限制了硫、氮氧化物和氨等主要污染物的排放
2000	《可再生能源法》	进一步完善能源政策和降低能耗
2005	《联邦控制大气排放条例》	对 200 多种有害气体的排放制定了标准

随着经济的不断发展，德国消耗了大量的能源，为了缓解能源的消耗问题和减轻空气污染，《可再生能源法》便产生了。该部法律进一步完善了能源政策，降低了能耗。针对现实生活中不断产生的污染物，为了保证

---

① 王诗文. 德国鲁尔区大气污染治理的法律规制对中国京津冀区域化治理的借鉴 [C]. 中国法学会环境资源法学研究会第二次会员代表大会暨 2017 年年会，保定，2017.

及时治理，德国出台了《联邦控制大气排放条例》，其对 200 多种有害气体的排放制定了标准①。

大气污染的治理并不是一个国家存在的问题，而是一个世界性问题。德国为了加强与其他国家的合作，联合其他国家签署相关条约与协议。为了促进各国加强合作、及时沟通交流科学技术和协调污染物排放政策，德国签署《关于远距离跨境空气污染的日内瓦条约》。为了限制硫、氮氧化物和氨等主要污染物的排放，德国、美国和加拿大等国签署《哥德堡协议》，该部法律产生了很大的影响，成为空气净化法律法规方面的里程碑。

2）行政手段

德国在治理大气污染时，不仅制定了严格的法律法规，还进行了灵活的行政管理，以下为德国采取的行政手段：

第一，中央和地方共同合作。首先，根据不同地区的实际情况，德国制订清洁空气行动计划，包括制定较高的燃油标准、运用清洁发动机、车辆限速等，有利于减少颗粒物的排放量。其次，充分利用各个地区的优势，调整各地区的产业结构。比如德国充分利用鲁尔区优势，实施"欧盟与北威州联合计划"。再次，建立空气监测网络和预警响应机制②。虽然联邦和各州都设立监测点，但联邦和各州都有各自的分工，可以获取不同的数据，并及时发布大气质量的情况。这样不仅可以测出当天的大气质量，还可以预测接下来几天的大气质量。

第二，环境保护与行政手段相结合。如果监测出的数据显示大气质量存在问题，就会立即发布警示。德国政府将会采取一系列措施进行治理。比如会限制部分车辆出行。此外，德国在大城市的中心建立了自然保护区，只有排放较少污染物的车辆才能在这里行驶。如果空气出现严重污染，德国会对某类车辆实施禁行，或者在污染严重区域禁止所有车辆行驶。

第三，联合其他国家制定环境治理政策。大气污染的治理是一个世界性问题，而不是一个国家的事情，涉及范围较广，需要各国之间共同商讨治理政策。因此，德国积极与其他国家合作，一起治理大气污染。比如德国、美国和加拿大等国共同签署了《哥德堡协议》。

3）经济手段

第一，德国大气污染治理的成功与否与完善的市场经济体制密切相关③：

---

① 陈广仁，祝叶华. 城市空气污染的治理［J］. 科技导报，2014，32（33）：15 – 22.
② 周衍冰. 德国持之以恒治理大气污染［J］. 政策瞭望，2015（06）：51 – 52.
③ 高明，陈丽. 工业化国家大气污染治理政策比较及启示［J］. 华北电力大学学报（社会科学版），2018（03）：11 – 16.

一方面，利用市场经济促进可再生能源的开发利用。德国通过设立专门的政策性银行，为可再生能源提供优惠贷款，从而促进可再生能源的开发。另一方面，加快转变产业结构和能源消费结构。通过注资支持重工业的发展；引进科学技术和先进产品，为重工业提供技术支持；通过财政补贴，促进环保产业的发展。另外，对民众的环境友好行为给予了一定补贴。2013 年，德国通过鼓励机动车安装尾气清洁装置来降低汽车尾气污染，为汽车安装过滤器的车主可获得国家补贴。

第二，德国在治理大气污染方面，采取了适当的经济和技术手段。首先，积极调整产业结构。1968 年，北威州政府制定了鲁尔发展计划，这是德国第一个产业结构调整计划。比如大量资金用于改善交通基础设施、清理改造鲁尔区重化学工业。其次，调整产业布局、综合治理生态环境、吸引新兴产业落户。对落户在北威州的新兴用户给予相应的补贴。再次，大力发展可再生能源，从而降低大气污染。一方面，德国政府采取一系列政策积极推动新能源的使用，比如税收优惠、补贴等。另一方面，德国设立政策性银行，鼓励民间参与新能源创新。

4）企业参与治理

对于超标排污的企业，德国政府将予以罚款。面临被罚款的压力，德国企业采取了积极的应对措施。首先，尽量采用先进的技术来使环保达标。因为超标排污的罚款要比企业本身承担环保治理的费用高得多。其次，从工业产品入手，相关企业大力发展能源车。截至目前，市场上很多能源车的技术来源于德国。再次，企业积极使用新能源。仅在汉堡就有约 2 000 家企业和新能源有关，其总营业额约 110 亿欧元，涉及可再生能源、循环废物利用、建筑节能等领域①。

5）积极的公众参与

德国政府和企业在治理大气污染的同时，社会公众也积极参与。

第一，评估环境立法及提供意见。政府网站将随时发布空气质量监测数据，报纸也会每天发布空气质量数据，公众在对空气质量进行监督的同时，还会提供建议（周衍冰，2015）。

第二，积极监督企业的排污行为。在法律上，德国赋予社会公众知情权与参与权，积极引导社会公众参与治理大气污染。公众一旦发现企业有不符合排污标准的行为，便有权提起诉讼，从而顺利推进污染治理进程。

第三，自觉执行环保法规。一方面，德国人非常注意遵守《环境法》。

---

① 德国持之以恒治理大气污染：http://keji. bjcg. gov.

他们主动使用节能电器，更多地乘坐公共交通工具或自行车，选择使用可再生能源。他们尽量避免由生活方式造成的有害气体和颗粒物的排放（周衍冰，2015）。另一方面，大多数德国人愿意为绿色能源投入更多的资金，这为大力发展可再生能源和控制空气污染提供了公众基础。

6）德国模式

德国的工业化程度很高，为了发展经济，曾任由废气排放，直到 1962 年，大气污染极其严重，这才引起德国政府的关注。因此，德国政府、企业和社会公众积极投入大气污染的治理工作中。

第一，在政府层面上，立法、行政和经济手段并用。首先，德国从法律层面把关空气质量，制定严格的法律法规。在治理大气污染的过程中，不断完善立法工作。其次，德国采取了行政手段和经济手段相结合。在行政方面，德国进行了灵活的行政管理。比如中央和地方共同合作、成立联邦环境局、联合其他国家制定环境治理政策、采取应急强制行政手段与长远环境保护相结合。在经济方面，一方面，德国采取了合适的经济科技手段，积极调整产业结构和产业布局，大力发展可再生能源；另一方面，德国拥有完善的市场经济。德国不仅利用市场经济手段刺激可再生能源的开发利用，还加快转变产业结构和能源消费结构。

第二，为了避免罚款，企业尽可能使环保达标。相关企业不仅发展能源车，还积极采用新能源使排放达标。

第三，德国公众参与治理大气污染的热情高涨。比如积极参与环境立法、监督每日空气质量、提供合理建议和自觉执行环保法规。

6.1.5　韩国治理经验

自 20 世纪六七十年代以来，韩国的经济快速发展，也曾面临严重的环境污染问题。自 1990 年后，韩国机动车的数量迅速增长，氮氧化物的排放随之大幅度增加，引发了光化学烟雾事件，导致大气污染越发严重。完成工业化的国家都曾经历过这类大气污染，二氧化氮和可吸入颗粒对人体和环境的危害极大。因此，韩国需要采取相应的应对措施治理大气污染。

1）加强立法引导

19 世纪 60 年代，韩国制定了《污染防治法》，为环境保护奠定了基础。进入 70 年代，环境问题变得复杂且多样，已有的法律难以应对新的环境问题。于是，在 1990 年 8 月，韩国出台了大气环境管理基本法——《大气环境保护法》，一氧化碳、氨、氮氧化物、硫氧化物等 61 种物质被定为大气污染物质①。2005 年 1 月，韩国制定《关于首都区域大气环境改善特别法》。自从该法案实施后，首尔地区采取了一系列措施治理大气污染。比如安装减排装置，提升油品质量和淘汰超标汽车。同时，首都地区鼓励减少化石能源的使用和使用清洁能源。韩国环境部 2019 年 2 月 14 日表示，韩国从 15 日起，将正式开始实施《关于减少和管控可吸入颗粒物排放的特别法》，以应对雾霾，保护民众健康②。该特别法主要内容包括建立跨部门的雾霾应对体系、保护国民健康等，为实施应急减排措施而制定了相应的法律依据和强制措施。根据该法案，当天 PM2.5 平均浓度超过 $50\mu g/m^3$，以及次日平均浓度超过 $50\mu g/m^3$ 时，韩国地方行政负责人可下令实施应急减排措施。自 2005 年以来，首都地区的 PM2.5 减少了 44%，其他污染物也降低了 40% 以上③。

2）企业参与治理

韩国制定了一系列措施规定企业的行为。首先，韩国制订了《温室气体能源目标管理制》，为高耗能企业和大量排放温室气体的企业分别制定了减排和节能目标，并由政府管理这些企业。其次，不断加强污染严重地区的企业管理。针对污染严重区域，采用更加严格的排放标准和特殊排放标准。再次，加强对企业的指导工作。韩国定期检查企业的相关工作，监督企业合理使用排放设施和防止设施。最后，韩国相关企业积极开发电动汽车，并做了普及工作。从 2005 年开始，韩国的汽车制造商集中精力开发电动汽车。

3）社会公众支持

韩国大气污染问题频繁发生，引起了公众的高度重视，公众积极参与治理大气污染。首先，公众不仅积极关注大气颗粒物的来源，还重视政府采取的措施。其次，公众要求治理大气污染的呼声越来越强烈。公众对环境的需求给政府施加了压力，促使政府制定更有利于保护环境的相关政策。再次，公众理性支持政府的措施。当政府实施车辆限行和提高大气颗粒物质量标准时，大多数韩国民众强烈支持政府的规定。最后，公众实时监测空气质量。韩国环境部大气环境网络实时向公众发布全国 200 多个监测点的空气质量数据，供公众实时监测，从而保证其生活的质量。

① 朴成敦，刘国军，龙凤，等. 韩国的大气污染现状及管理政策 [J]. 环境科学与技术，2013，36（S1）：382 –385.

② 韩国将开始实施治霾特别法：http://news. haiwainet. cn/n/2019/0214/c3541093 – 31496494. html？baike.

③ 陈妍. 日本和韩国大气污染治理的主要经验 [J]. 中国经贸导刊，2014（07）：57 –58.

4）韩国模式

随着韩国氮氧化物排放量的增加，光化学烟雾造成的空气污染越来越严重，严重威胁了人们的健康。因此，韩国采取了一系列措施治理大气污染。

第一，韩国政府十分重视立法工作。针对变化的环境问题，韩国不断修订相关法律治理环境问题。

第二，韩国企业不仅积极加入环境的治理中来，还被动地参与治理大气污染。韩国相关企业开发电动汽车、对汽车安装过滤装置。此外，韩国制定了《温室气体能源目标管理制》管理高耗能企业，并且加强污染严重区的企业管理。

第三，韩国民众高度关注并积极参与环境的治理工作。比如时刻关注政府应对的措施、注重公众的需求给予政府的压力、强调理性支持政府措施。

6.2　治理模式总结与启示

6.2.1　治理模式

在大气污染治理的过程中，许多工业化国家都制定了相应的政策，每个国家都形成了不同的治理模式。英国的治理模式已经从"应对式"转变为"预防式"，构建了"政府 – 市场 – 社会"三维框架下的环境治理模式。英国突出了政府、企业和公众的共同参与，充分发挥了多元主体的作用；美国采取了节能减排与区域联动的治理模式，始终坚持"节能减排"政策，以"污染预防"为国策，重视清洁能源生产，具备完善的区域联动机制；日本将行政手段与市场机制结合在一起，在大气污染的治理过程中，强化行政干预手段，并不断完善市场机制；德国结合规制手段与市场手段，制定了严密的规制监控大气质量，充分利用了市场经济手段；韩国通过实施一系列大气污染管理政策进行大气污染治理，比如规定排放标准、加强污染控制和引进目标段管理制。

6.2.2　主要启示

我们通过对英国、美国、日本、德国和韩国治理政策经验的归纳总结，可以看出，这些国家在治理大气污染的过程中形成了各自的体系。各国的治理措施既存在共性，也有各自的特色之处，均取得了良好的治理效果，值得我国借鉴。

1）建立健全大气污染防治法律法规

英、美、日等国在大气污染治理的过程中，都非常重视大气污染的立法工作。一方面，不断建立健全相关法律法规。大气污染的治理变得更具权威性和合法性，并且相关部门的执行力更强。另一方面，除了政府外，相关部门及时开展立法工作，并且不断围绕总的纲领性文件来健全相关法律体系，将大气治理的各项工作全部纳入法律之下①。根据英、美、日等国的立法经验，我国需要不断修订和完善大气污染防治制度。

首先，我国应当不断细化立法内容。我国《大气污染防治法修订草案》的条文只有 100 条，约 21 000 字，而美国 1963 年颁布的《清洁空气法》，经过多次修改，目前翻译成中文大概 60 万字，仅有 271 条②。其次，要完善不合理的法律规定。我国应明确大气污染物的排放标准、污染行为的惩处和节能减排政策的定量化指标，并落实到相关责任部门。再次，要配套可实施的规章制度和管理细则。包括排污权交易制度、公众参与和监督制度等，有效地推动大气污染治理进程。最后，采用多样化组合的方式。在环境治理过程中，我们应当坚持多样化组合，借鉴采用命令—控制型政策、经济激励型政策、公众参与型政策三种政策工具的合理组合，对大气污染进行有效治理③。

2）重视市场机制建设

各国在大气污染的治理过程中，都积极建立健全经济政策，比如英国运用市场准激励政策、美国建立排污许可证制度、日本积极引入市场机制等。在大气污染治理方面，我国应当加快完善经济政策建设。首先，不断完善市场机制。排污者缴纳或按照合同约定支付费用，委托环境服务公司进行污染治理的新模式，在遵循"污染者付费，专业化治理"原则的基础上进行第三方治理④。其次，完善财政投入机制。在财政投入方面，我国应当加大专项资金的投入，拓宽资金的来源渠道，全面探索和发展信贷、金融市场，从而推进大气污染的治理工作。再次，完善排污权交易机制和空气质量补偿机制。一方面，我国需要不断完善排污权交易试点，使排污

---

① 冯石岗，张琛. 国际大气治理的对策分析与经验借鉴 [J]. 佳木斯职业学院学报，2017 (07)：444 - 445.

② 杨娟. 英国政府大气污染治理的历程、经验和启示 [D]. 天津：天津师范大学，2015.

③ 王红梅，王振杰. 环境治理政策工具比较和选择——以北京 PM2.5 治理为例 [J]. 中国行政管理，2016 (08)：126 - 131.

④ 董战峰，董玮，田淑英，等. 我国环境污染第三方治理机制改革路线图 [J]. 中国环境管理，2016，8 (04)：52 - 59.

征收标准更加合理化。这样有利于减少大气污染排放物，改善空气状况；另一方面，我国应积极加快实施空气质量补偿机制。对企业的行为奖惩分明，从而促进大气污染治理进程。最后，利用经济杠杆进行调节。我国可以采取一系列措施支持保护大气的行为，比如低息贷款、减免税收和税收优惠等。

3）调动公众的积极性

英、美、日等国在大气污染的治理过程中，并不是仅仅依靠政府的力量，社会公众也积极参与其中。一方面，民间组织很早便开始参与治理大气污染；另一方面，资本家、工人和社会各界都积极支持政府制定的大气污染政策，并且参与治理大气污染。各国社会公众的治理经验值得我国学习与借鉴。首先，我国应当放宽对民间环保组织的管控，并给予更多的政策引导和支持，从而使民间环保组织积极参与监督工作；还可以联络组织民众参与政府治理。其次，政府应不断健全相关法律，保障公民参与大气污染治理的权利。公民拥有知情权与参与权，可以更好地参与大气污染的治理。再次，拓宽大气污染信息的发布渠道。这样可以及时发布城市大气污染和企业污染排放情况，确保公众能够快速、全面地获取大气污染相关信息。最后，向公众宣传大气污染的危害性，鼓励人们绿色出行。我们还可通过媒体、报纸、宣传手册等方式向人们传达大气污染带来的恶劣影响，增强人们保护环境的意识，倡导人们从生活的点滴做起。

4）加快建立大气污染区域联防联控机制

长期以来，我国的大气污染治理缺乏区域间的联系与合作，我国应采取一些措施加快建立大气污染区域联防联控机制。

第一，建立联合防治的主要机制，确保顺利推进跨区域大气污染防治。首先，在中央层面上应当设立一个联合防治专项委员会，主要任务是进行统一规划。其次，在污染区域建立专门的大气污染治理联合委员会，根据当地的实际情况，制定出治理方案，进而实施统一规划、协调、评估和监督。

第二，建立和完善监测评价机制、预警机制、协调机制等区域联防联控合作机制。这样有利于统一制定和实施相关的大气污染政策，便于交流合作，加强统一管理。

第三，我国应充分考虑各地区的实际情况，努力在冲突中找到平衡点。要对受损区域进行赔偿，受益人应当从政策、资金、技术等方面对受损区域进行一定程度的赔偿，以缓解利益冲突现象。

第7章　中国雾霾治理的路径研究

7.1　相关文献回顾

7.1.1　国家统筹治理

李伟娜（2017）通过分析中国城市雾霾产生的根源，得出能源结构、产业结构调整和环境规则改善对雾霾治理进步率的影响是雾霾治理的内在机理，调整能源产业结构、加强非正式环境约束是雾霾治理的有效路径。储梦然、李世祥（2015），认为政府并非唯一的治理主体，应从协同治理出发，在强化政策体系、实行政策评估、加强政策监督与政策宣传等多个方面优化治霾路径。陈亮（2015）通过雾霾成因分析指出治霾工作面临的挑战，并借鉴国外发达国家的治霾经验，认为深化雾霾治理需要做到加快工业减排、优化工业布局、调整城市规划、绿化能源结构、控制扬尘、协同治理、完善预警措施、推进大气国际合作等。

许军涛、吴慧之（2015）在城市雾霾治理的路径研究中指出，政府、市场及社会三大治理主体提出的雾霾治理对策各有弊端，要想从根源上治霾，就应明确各治理主体的职责范围，从理论和实践两个层面，有针对性地提出治霾建议。裴桂芬、商伟（2017）在借鉴国际治霾经验的基础上，针对国内雾霾污染问题，对治霾对策作了进一步探讨，认为分工治霾、全民参与、管控排污、减少尾气、能源优化是有效的治霾之策。刘德军（2014）通过对雾霾气象成因的分析，认为治霾要从经济结构调整、基础设施建设、排污总量控制、环境保护等多方面统一规划，全面治理。冯少荣、冯康巍（2015）采用非参数统计结合多元回归的方法以及多元统计分析中的因子分析和对应分析方法，对雾霾影响因素进行了实证分析，并在此基础上参考发达经济体系下的治霾经验，提出我国治理雾霾污染的有效对策。

7.1.2　区域协同治理

蔡岚、王达梅（2019）认为针对珠三角四方联动治霾出现的政府联动责任缺失、公众参与度低、治霾市场机制不成熟的问题，强化政府环境行政问责、健全公众参与机制、完善治霾市场机制、建立健全协同立法等措施可为治霾提供新路径。陈诗一、张云、武英涛（2018）通过列示长三角和京津冀地区的联防联控治理的现实困境，分析两区域雾霾治理差异的成因，从政策措施差异化、产业结构优化、能源结构优化等方面提出雾霾联防联控的优化政策。陈诗一、王建民（2018）在界定雾霾治理指数的基础上，基于 DPSIR 模型构建了城市雾霾治理测度指数，并以长三角部分城市为样本，进行实证分析，得出应创建治霾指数信息共享平台、明确相关利益主体的治霾责任、完善雾霾治理指数运用机制的结论。王洛忠、丁颖（2016）针对京津冀雾霾治理问题，引入政策网络分析工具，从行动者、资源、规则和认知等多个维度分析雾霾治理困境，认为雾霾治理的途径有四点：一是激活协调者角色，将构建者的合作意识转为合作行动；二是完善相关政策法规，为区域合作提供制度依据；三是立足区域环境利益，强化合作型信任；四是拓展信息与技术资源共享空间。

韩志明、刘璎（2016）认为针对公民在参与雾霾治理中存在的参与环境不充分、信息不对称、参与缺乏保障与动力的问题，树立环境善治理念、促进环境信息公开共享、加强法律法规建设、拓宽公民治霾参与渠道、提升公民参与能力等措施可大大提高治霾效率。刘华军、雷名雨（2018）基于集体行动理论和地方政府竞争理论的分析框架，分析雾霾协同治理的困境，探究治霾困境根源，认为解决区域边界设定、区域协同治理机制和协同防控政策这三个问题是破解治霾难题的关键。李智江、唐德才（2018）运用系统动力学对雾霾治理措施效果进行动态仿真预测，并通过结果对比分析认为北京雾霾治理的关键是改善能源消费结构及控制机动车相对保有量。陈伍香（2016）认为雾霾治理需要区域政府间精诚合作、协同治理；同时，针对地方政府合作治霾存在的问题，提出建立立体化的合作治理模式、建立跨区域利益协调机制、完善法律法规的治理对策。

7.1.3　治理机制与路径

付鹏（2018）认为传统化石燃料的大量使用是城市雾霾产生的主要原因，故需优化我国能源获取方式、调整能源产业空间布局，同时注重能源结构的中长期规划，尽快换取雾霾治理拐点到来，这些才是新常态下城市雾霾治理的路径选择。李永亮（2015）以"行动者 – 系统 – 动力学"为理论基础，阐明府际协同治霾在治理主体分析、制度分析以及环境分析的结果，认为建立政府间雾霾治理合作机制才是破解雾霾治理难题的有效手段。岳利萍、马瑞光（2016）基于排放权市场化交易的角度，提出排放权核算的基本思路，认为雾霾治理要以科学核算排放权为核心，以完善监测体系建设为基础，以完善相关法律法规为保障，构建有效的环境保护经济机制。

王颖、杨利花（2016）认为要想打破雾霾治理困境、推动雾霾治理转型，关键是以跨界治理理论为基础，从理念、组织机构和运行机制创新三个方面构建雾霾治理新模式。熊欢欢、阮涵淇（2016）从意识层面、经济结构层面、生产领域层面、考核制度层面分析得出生态文明建设缺失是导致雾霾频发的根源，并提出加强公民生态文明建设、转变经济发展方式、推动产业升级、完善生态文明考核制度的治霾新路径。王惠琴、何怡平（2014）通过对公众参与雾霾治理的困境及影响因素分析，从政府及公众两个层面提出公众参与治霾困境的解决路径。

7.2　雾霾总体治理目标

2012 年和 2013 年是雾霾天气最为严重的两年，但在 2013—2017 年，中国的雾霾浓度明显减少，空气质量达标城市数和优良天数有所增加。尤其是 2017 年，在 338 个地级及以上城市中，空气质量达标的城市占29.3%，未达标的城市占 70.7%；平均优良天数比例 78.0%；重点区域细颗粒物浓度也有所改善，2016 年，京津冀区域 PM2.5 浓度为 71μg/m³，比2013 下降了 33.0%；长三角区域 PM2.5 浓度为 46μg/m³，下降了31.3%；珠三角区域 PM2.5 浓度为 32μg/m³，下降了 31.9%[①]。由这些数据可以看出，全国空气质量改善了，重污染天气也显著减少了。特别是京津冀、长三角、珠三角等区域的颗粒物浓度下降幅度远远超出"大气十条"所指定的具体目标，此后中国进入了环境治理的新阶段[②]。自"十三五"至今，党中央、国务院统筹推进"五位一体"总体布局和"四个全面"战略布局，提出"创新、协调、绿色、开放、共享"的新发展理念和建设"美丽中国"的宏伟目标。为了进一步推进生态文明建设、解决生态环境问题，坚决打好污染防治攻坚战，推动我国生态文明建设迈上新台阶，陆续印发了《"十三五"控制温室气体排放工作方案》《"十三五"生态环境保护规划》《国家综合防灾减灾规划（2016—2020)》《"十三五"节能减排综合工作方案》等重要文件，2018 年新颁布的《打赢蓝天保卫战

---

① http://www.stats.gov.cn/tjsj/zxfb/201809/t20180917_1623289.html.
② 林伯强. 中国如何打赢雾霾治理战 [N]. 第一财经日报，2019 - 04 - 01.

三年行动计划（2018—2020）》是环境治理的一个重要标志，该计划提出比较严格的二氧化硫、氮氧化物、PM2.5 等 2020 年的目标，旨在进一步治理大气污染，促进生态文明建设。

7.3 路径分析

7.3.1 推进生态体制机制创新

1）培育建立生态补偿机制

积极探索生态补偿机制，从体制、政策等方面为雾霾的有效治理创造有利条件，是我国进行雾霾治理的重点工作，也是推进我国生态文明建设的核心。

（1）应完善生态补偿法律法规体系，加强生态补偿立法工作。环境财政税收等相关政策的稳定实施，生态环保项目的顺利开展，生态环境管理工作的有效推进，都必须以法律为准绳、以法律为保障。为此，在雾霾治理方面我国必须加强生态补偿立法工作，按照"谁保护，谁受益""谁受益，谁付费"的原则，明确各生态主体的责任和义务，使生态补偿机制的建设及运作能够有法可依。此外，还应该与时俱进，对生态、经济和社会的协调发展作出全局性的战略部署，加快推进对《可持续发展法》《大气污染防治法》《环境保护法》等的修订，详细规定生态补偿的补偿原则、补偿区域、补偿范围、补偿对象、补偿标准、相关利益主体的权利义务等，进一步完善环境污染整治法律法规体系，推进生态补偿的制度化和法制化，把生态补偿逐步纳入法制化轨道。

（2）国家应加快建立"环境财政"，加大对重点污染区域的财政转移支付力度。国家和政府设立环保建设专项资金，并将其单独列入财政预算。同时，地方人民政府应当切实落实生态保护补偿资金，确保其真正用于生态保护与生态治理补偿。此外，国家和省级政府还可以适当调整财政支出结构，合理安排财政资金利用，使之向重点环境污染区、重要生态保护区倾斜。为了进一步扩大资金来源，我们在充分利用国家资本的基础上，应建立健全生态补偿投融资渠道，始终坚持"社会资本不放过"的原则，积极引导社会各界广泛参与，多渠道多方式地探索投融资方式，最大范围地吸收社会资本，如可以以政府为担保融通民间资本，鼓励民间资本投入污染治理，扩大融资范围；也可以通过发行专项生态环保基金等方式完善信贷支持体系，促进融资渠道多元化。

（3）要积极探索市场化的生态补偿模式。"公地悲剧"产生的主要原因就是产权模糊，理性人为了实现自身利益最大化，对公共资产进行疯狂掠夺。而其解决的主要方法是实现公共资源私人供给。大气作为公共资源亦是如此，因此政府可通过行政和立法手段，建立资源使（取）用权、排污权交易等方式将大气环境资源私有化，通过评估污染区域的环境容量、确定排污交易中的配额总量等一系列细则，按照"谁投资，谁受益"的原则，将大气治污成本转嫁到大气污染企业及污染受益者。同时，政府相关部门要做好排污权交易、资源使用权的市场监管工作，建立健全排污权交易市场制度和准则，根据监管中出现的重大问题作出反应，及时施救、补救。诸如排污权交易及资源使用权等市场化的生态补偿模式，它在广泛吸收社会资金进行生态环保建设与污染治理的同时，还可以大大降低污染治理成本，提高污染治理效率，因此要重点维护、重点监管，打造良好的循环运行机制。

2）构建区域联防联控机制，推动区域合力治霾

2017年3月5日，全国人大代表、西安美术学院原副院长、西安市人大常委会副主任韩宝生认为雾霾治理需加强区域联防联控机制。同时在已采取的各种政策措施中，加强区域之间的联防联控，已被检验和证明是当前阻击重点区域大气污染的有效方式和手段。但是和发达国家治理理念相比，我国大气污染联防联控机制尚处于初步探索阶段，当前各地方政府官员出于政绩考虑依然坚持"各扫门前雪"的传统治理模式，缺乏区域间协作治霾的理念，各政府之间也尚未建立完善的区域联防联控的合作治理机制。因此，我国要完善地方政绩考核制度、健全联防联控雾霾治理机制。

（1）完善地方政绩考核制度。我国传统政府绩效考核机制以经济发展水平作为政绩考核的唯一标准，它虽然在很大程度上促进了经济的发展，但存在忽视生态效益的重大弊端，这违背了构建环境友好型社会的必然要求，更忽视了经济社会的可持续发展，也未能充分体现政府绩效管理体系的价值和意义。因此，首先要将各地区雾霾治理成效纳入其归属地官员政绩考核范围，将GDP考核转变为绿色GDP考核，建立一种绿色政绩观，突破经济发展和环境保护并不是一对矛盾体而是共同体的传统思维。其次应确立官员环保责任终身追究制，使领导干部切实对环境负责。这对完善我国地方政府官员政绩考核制度，推进我国城市雾霾污染治理具有重要意义。

①将绿色GDP和雾霾治理成效纳入官员政绩考核体系。贝恩认为，为了方便考核公共部门的绩效水平，我们必须设定一个明确的标准，作为政

府部门绩效的评定尺度，并根据各部门各项工作的完成情况衡量绩效是否达标。在过去，我国政府官员政绩考核的唯一标准就是 GDP 增长幅度，这导致官员在工作中目光短视，过于看重经济的发展情况以及 GDP 的增幅，轻视环境效益，而对于雾霾的治理不重视、不上心、不作为、慢作为，追求短期成效，而忽视对环境的长远保护和治理，同时也不利于经济长远发展。当然，我们将 GDP 绿色纳入官员政绩考核体系，并不是要用绿色 GDP 完全取代 GDP 作为官员政绩考核唯一的标准，而是将绿色 GDP 作为政绩考核的重要内容之一，倒逼地方政府官员树立一种绿色政绩观，让其认识到经济发展和环境保护都是政绩的重要组成部分，使其转变为官理念，把绿色发展融到发展决策之中，从而推进各级领导官员兼顾经济发展与环境保护，做到"鱼与熊掌兼得"，真正实现节约资源，保护环境，推动经济全面、协调、可持续发展。

②确立官员环境责任制。在推行绿色 GDP 政绩观的同时，按照"谁主管，谁负责""谁决策，谁负责"的原则，确立环保责任制、问责制及终身制，明确领导干部生态责任，避免出现经济发展而生态严重破坏，干部依旧升迁的现象。此外，为了保证环境责任制落到实处，要制定科学规范的制度准则和制度执行细则，如在地方领导在任期间，为每一位领导专门建立一套环境整治责任档案，明确记录在任期间环境污染状况、环境治理措施、环境治理成效及治理措施失当造成的经济损失和影响，以此作为官员升迁考核的参考标准之一。此外，环境整治责任档案可随官员的调离、升迁而调动，让官员树立环保意识，谨记环保责任，时刻绷紧生态保护这根弦，同时也使环保责任制具有实操性和可执行性，为打造生态文明建设新气象做出贡献。

（2）要构建区域联防联控机制。由于受我国气候条件以及经济发展程度的影响，我国的大气污染尤其是雾霾污染具有明显的区域性、复杂性及流动性特征，其中京津冀、长三角、珠三角三个区域特点尤为显著。但是长期以来，我国重点污染区域省市之间固守"一亩三分田"的思想，在雾霾治理上秉持"各自为战"的治理模式，导致区域雾霾污染问题治理难度加大。因此，构建雾霾防治区域联防联控机制，消除各地治霾分歧，达成治霾共识，形成治霾合力，对减轻我国雾霾污染具有重要意义。

①要有机构。由中央、国务院环保领导人员组成国家级环保管理机构，划分为环保、财政、规划、监督、执行等部门，相关部门负责人成立省级联防联控雾霾治理工作小组，统一领导全国各省的雾霾治理工作。省级环保厅政府下设市县级联防联控工作办，督促各有关职能部门的雾霾治

理推进情况。事实表明，加强区域间的联防联控，在雾霾重点污染区域是有效的。例如：2014 年北京 APEC 期间，为了督促各地更好地落实《大气污染防治行动计划》，做好大气污染防治工作，保障 APEC 会议期间空气质量，华北地区 6 省 24 市，步调一致，精诚协作，联防联控，采用非正常手段，使北京城六区空气污染程度达到一级优水平，成就北京"APEC 蓝"。

②要有方法。在联防联控雾霾治理过程中，我们要根据雾霾污染程度以及影响程度划分为重点污染防护区和一般区域，并在不同的区域进行统一的防治和监管。对于重点防护区域，区域内各级政府部门要践行统一治理标准。要根据区域环境容量，统一控制域内各省、地级市以及县区的能耗最大限度和大气排污总量。同时，要加大人力、物力、财力，对重点防护区进行重点治理、重点突破。对治霾初见成效的地区，要做好霾后防护、监管工作，避免二次污染。对于一般防护区，要加强监测，做好突发性雾霾的准备工作。做到有备无患，有的放矢，实现重点区域重点在"治"、一般区域重点在"防"的防治结合的有机统一。另外，要注意在雾霾防治联防中，各区域内部能源消耗和工业活动的承载上限，可能存在由于不同城市和地区的环境承载能力和污染饱和度不同产生差异。同时该最大上限也会受到区域经济发展水平、气象条件的影响。因此，区域联防联控就要根据区域经济发展水平及气候条件等影响因素确定能源消耗的最大限度，控制排污总量，减少相邻区域之间雾霾污染扩散，达到治霾成效最大化、成本最小化的治理目标。

③要有平台。我们通过构建跨地区、跨区域的监测、预警、防控平台，建立健全联防联控雾霾污染监测预警机制，强化对雾霾等突发性大气污染事件应急措施，建立雾霾污染应急预案。但雾霾监测预警平台的建设离不开技术的投入和大力支持。对此，我们可以成立雾霾治理专家小组，将相关的科技人才、科技资源聚集起来，对治霾过程中遇到的专业性问题进行针对性的研究和探讨；还可以通过加大技术投入与研发，建立雾霾污染监测网络，记录并统计大气中各种雾霾污染物原始污染数据，提高污染物数据信息统计的真实性、时效性；还可以利用卫星、航测、遥感等技术获取监测信息，掌握大气运动规律，进而分析各雾霾污染区域大气质量变化趋势以及各区域之间雾霾扩散情况，为制定科学合理的治霾策略提供保障。同时，可以利用现代网络信息共享平台，建立专门的雾霾信息传输系统，实现各地之间雾霾信息资源共享，以此推动各地合力治霾。

7.3.2　健全环境法律法规体系

环境保护相关法律具有强制性和示范性，是环保相关部门顺利开展治霾工作的重要保障。故建立健全完善的环境法律法规体系，营造良好的法律环境，保障雾霾治理工作人员有法可依，提高执法效率，是治霾问题得以顺利解决的关键所在。

1）加快推进环保立法进程，实现立法精细化

第一，加强立法。加快推进环境保护尤其是雾霾治理相关法律的立法，以及其他诸如《环境保护法》《中华人民共和国建筑法》等辅助法律的完善，在增强法律针对性的同时，又能够与时俱进，满足雾霾治理工作的需要。注重法律之间的整体性，肃清理顺各单项法律文件的内容，改善整体环保法规条例内容交叉、衔接错乱的现象。

第二，细化执行标准。我国雾霾治理法律、法规内容笼统，缺少细化。为此，我们要对《大气污染防治法》等相关法律法规进行修订和整改，制定具体、细致的执行标准和实施细则，尽量减少模糊性、概括性较强的词汇和语句的使用，而应该使各项准则、规定明确、具体，易操作，好实施。例如《大气污染防治法》中第三十七条石油"炼制企业应当按照燃油质量标准生产燃油，禁止进口、销售和燃用不符合质量标准的石油焦"，应说明质量标准的具体内容，在进行燃油生产以及石油焦的进口、出售时才能严格把关，有据可循。此外，燃油使用后产生的污染物、废弃物如何处理以及怎么样才算达标排放也应作出具体规定。《环境保护法》第四十六条"任何单位和个人不得生产、销售或者转移、使用严重污染环境的工艺、设备和产品"应设定明晰的污染级别，明确区分"严重污染""中度污染""轻度污染"。同时，也应明确环保等相关部门的分工和职责，避免各部门职责相互交叉，从而使雾霾治理工作人员能够各司其职，减少相互推诿、渎职、失职现象发生，以此提高执法效率。我们通过以上来坚持精细化立法，注重增强法规的可操作性，通过具体、细化规定，努力增强条例的可执行性和可操作性，确保法规立得住、行得通、真管用①。

2）严格环境执法，提高执法效率

环境保护执法力度的强弱是环境保护相关法律是否有效以及治霾工作是否能够正常进行的重要保障，因此增强执法力度，保障法律有效执行，才能体现环保法律的权威性和威慑性，才能保障排污主体自行守法，遵守

---

① 第二十四次全国地方立法工作座谈会大会发言材料之八生态环境保护地方立法的实践与思考。

排污标准，从而减少污染物的排放，降低污染程度。

第一，通过立法赋予环保部门执法权力，保证环保部门执法的独立性。针对美国洛杉矶雾霾事件，美国联邦法律赋予环保部门治霾权，保障其治霾独立性，减少治霾阻力，使环保部门能够在治霾过程中甩开膀子加油干，加速了美国雾霾治理进程。因此，我国要借鉴美国治霾经验，赋予环保部门权力，明确规定我国环保部门执法的主体地位，使其成为一个独立的部门，避免行政干预，摆脱政府对高污染企业的隐性保护。在执法过程中能够无政府压力，真正做到执法必严、违法必究，让生态违法"倾家荡产"。环境执法部门工作人员还应该恪守《大气污染防治法》的相关规定，严格执法，对于那些滥用职权、玩忽职守、徇私舞弊、弄虚作假的工作人员，依法给予处分。对于超标排污、违法排污的企业，有权责令污染企业停业整顿甚至停产关闭。

第二，要加强对固定及移动污染源的监管和排查。首先，工厂和企业在生产过程中废弃物的不达标排放是雾霾产生的重要根源，因此，雾霾治理还需从根源抓起，加大对企业及工厂的监察和管理。其次，环保部门在执法过程中，应改进环境监控机制，引进遥感等监控技术和监控设备对排污行为精准定位。同时增加环保执法人员，扩充执法队伍，对工厂、施工地以及企业的污染排放处理地点进行实地检查。此外，还要加强对进口燃料督查，规范并适当提高进口燃料的污染物标准，对污染物排放浓度较高的燃料，限制进口，并给予相应处罚。再次，机动车尾气作为移动污染源，对雾霾产生的负面影响亦不可小觑。因此，环境保护部门及交通部门要限制机动车上路总量，并制定单量机动车排污标准，以此控制污染物排放总量。另外，相关部门也要加强对机动车的管理，实行牌照制度，对于未在政府部门登记注册牌照的机动车，不予上路。

第三，要提高违法成本，加大对违法行为的处罚力度。我国环境违法成本低、守法成本高是一个老问题，新环境保护法，对排污主体加大了处罚力度，新增了按日连续处罚，这意味着违法时间越长，罚款额度越高，罚款无上限，迫使企业及早纠正违法行为，体现了国家整治雾霾的决心。除了经济制裁外，还应施以行政处罚，加大刑法力度，如在环境服务活动中弄虚作假，对造成的环境污染和生态破坏负有责任的，承担连带责任；对违法行为情节严重的不构成犯罪的，对其直接负责的主管人员和其他直接责任人员，处十日以上十五日以下拘留；情节较轻的，处五日以上十日以下拘留①。对以身犯险者严厉惩戒，起到杀一儆百的作用，使跃跃欲试

---

① 《环境保护法》.

者望而生畏，循规蹈矩，不敢越雷池半步。

7.3.3　建立健全信息公开制度及社会监督机制

雾霾信息公开和监督是雾霾污染治理的有效途径，也是保障公众雾霾治理参与权与雾霾信息知情权的重要举措。面临当前雾霾污染的严重形势，建立完善的信息公开制度与社会监督机制显得尤为重要。但是，由于我国雾霾信息公开制度起步晚，发展进程慢，社会监督体系不完善，因此，提高雾霾信息公开的透明度，健全政府与企业的信息公开制度，强化社会监督力量，畅通治霾监督渠道，切实保障公民监督权与参与度，是治霾路径中的重要一环。

1）建立健全信息公开制度

雾霾污染给广大群众带来直接或间接的危害，侵害着群众的利益，故加强治霾力度、保障雾霾治理的成效与群众密切相关。而雾霾信息公开的真实性和可靠性是治霾成效的重要前提，故健全政府与企业雾霾信息公开制度与体系，增强雾霾信息公开透明化是提高治霾成效、推进治霾进程的重中之重。

第一，完善政府信息公开制度。《中华人民共和国环境保护法》第五十三条规定"公民、法人和其他组织依法享有获取环境信息、参与和监督环境保护的权利。各级人民政府环境保护主管部门和其他负有环境保护监督管理职责的部门，应当依法公开环境信息、完善公众参与程序，为公民、法人和其他组织参与和监督环境保护提供便利"这一法律明确规定环境治理有关部门应依法及时准确公开雾霾治理信息，保障公众切身权利。为此，政府应从以下几个方面着手。

一方面，政府应推进雾霾信息公开制度化，明确雾霾信息公开细则。首先，政府部门应确立雾霾信息公开制度，为信息公开提供制度保障，而后明确细则，对雾霾信息公开内容、范围等进行细分，从而为后续治霾工作的开展做好准备工作。具体来说，政府要对雾霾信息公开程序、雾霾污染的程度及扩散规律、雾霾事件的监测状况及污染处理相关的数据、重点区域治理进程等详细内容定期向社会公示。新《大气污染防治法》和《环境保护法》在对重污染天气的防止和治理方面明确规定，把重污染天气纳入突发事件应急管理体系，建立污染监测预警机制，制定污染突发事件应急预案，及时发布预警前、预警时和预警后状况，告知群众事后环境损失，保障公众知情权。此外，政府应细化环境评估指标和数据，以便提供更加精细、准确的污染排放数据。严禁伪造和篡改雾霾污染相关数据。对于发现的已发布的可能影响社会经济秩序的不完整、不准确的信息，政府有关部门应根据《政府信息公开条例》规定，发布正确的信息予以澄清。对于政府借口"国家机密"拒绝信息公开的，应依法审查理由的正当性，打破政府行政部门对雾霾信息的垄断状况，切实贯彻坚持以公开为常态、不公开为例外的原则，以此扩大雾霾信息公开范围，提高信息公开透明度。

另一方面，创新雾霾信息公开形式，拓宽雾霾信息公开渠道。故政府要加快网络政务建设，促进雾霾相关信息同步更新；同时推进电子政务与实体政务相结合，如可在国家档案馆、公共图书馆、政务服务场所设置政府信息查阅场所，也可根据需要设立公共查阅室、资料索取点、信息公告栏、电子信息屏等场所、设施，公开政府信息①，为获取政府信息提供便利。同时，政府可以借助信息公共平台，创建微信公众号、官微，利用大众传媒及时推送雾霾信息，从而最快、最大范围地促进信息公开。

第二，完善企业环境信息公开制度。目前，虽然我国企业环境质量信息公开相关法律如《环境保护法》《企事业单位信息公开办法》经多次修订，力争与我国环境污染具体情况相适应，但在现实中，企业环境信息公开出于多方面的考虑，依然有很大的阻力，欲使企业无障碍地进行环境信息公开，需要政府、企业以及社会公众多方共同努力、共谋对策。

一方面，政府要加强企业监管力度，对企业的环境信息公开采取自愿公开和强制公开相结合的办法。企业应依法对必须公开的环境相关信息进行公示，否则，追究其法律责任。同时，政府对企业信息公开实施奖惩机制并举，对自愿公开大气污染信息并与权威部门检测结果一致的企业进行奖励并给予公示标榜，鼓励企业自觉公开环境信息，营造良好的环境公开氛围。此外，企业公开的环境信息应当真实准确，不能弄虚作假。否则，将企业列入经营异常名录和社会征信体系。

另一方面，政府应严格贯彻落实《环境保护法》、新《大气污染防治法》的相关规定，组织建立统一的环境信息管理系统，对重点排污单位进行统一规划、集中管理。以区为单位，排查收录本区域内排污单位，自下而上上报市级政府统而治之，并根据单位的主要污染物的名称、排放方式、排放浓度、排放总量以及企业规模等情况划分一般污染单位和重点排污单位，结果向社会公布。同时，要求企业单位对其污染治理措施、治理

---

① 《政府信息公开条例》.

进度、治理结果定期进行报告。其次，要求排污单位应当依法编制环境影响报告书，向可能受影响的群众公开说明情况，为便于理解，对涉及环境质量的内容以量化的数据进行阐释和说明。在这种规范的治理机制下，能够更大程度地增加企业环境信息公开的真实性，对企业单位的监督和雾霾的治理也更具可操作性和有效性。

2）建立健全社会监督机制

社会公众是治霾的重要主体，也是独立于政府与企业单位的第三方监督力量，所以社会监督能够最大限度地推进治霾工作的开展、弥补政府监督的不足，同时也是公众参与政治生活的重要途径。为了保障公众权利、促进雾霾治理，政府和环境部门应该广开言路，多方面提供便利，使公众及社会组织、团体能够积极投身到治霾工作的监督中，为攻克雾霾污染出一份力。

第一，创新雾霾治理监督的形式和途径。政府和相关环境部门应做阳光政府，自觉接受公众和社会群体组织在治霾工作上的监督。同时，也可鼓励公众切身参与雾霾治理全过程，包括雾霾前的预防、雾霾的治理、雾霾治理效果测评和整体治理程序的监督管理工作。例如，政府可以将雾霾的治理进程实时公布，以公众满意程度作为雾霾治理成效的重要评价标准，切实保障公众监督权；可以定期组织召开环保听证会，鼓励公众和社会群体就雾霾治理过程中发现的问题，积极发表自己的看法，表达合理的诉求。同时，地方各级人大代表应发挥人民和政府之间的重要桥梁和纽带作用，广开言路，采用民主的方法积极听取群众有关雾霾治理的意见和建议，并进行统一汇总，形成人大代表议案向中央政府及有关部门集中反馈。另外，政府及环保部门应建立健全环保信访机制，畅通信访渠道，积极接待群众有关雾霾治理问题的来信来访。最后，社会环保组织作为第三方力量的重要组成部分，对雾霾治理的监督工作也起到了重要作用。它可以通过公益诉讼的方式对违法排污的企业提起诉讼，以达到监督的目的。同时，环保组织还可以通过宣传环保知识和绿色发展理念，开展环保公益活动等形式，提高公众的环保意识，激发公众参与雾霾治理监督工作的积极性。

第二，拓宽雾霾监督渠道。充分发挥新闻、网络、媒体等大众传媒的作用，加强公众对政府、企业和个人的监督（尹晓玉，2017）。在政府方面，要对政府雾霾信息公开的范围和雾霾治理进程和行为进行监督，对政府有关雾霾信息以及治理过程中发现的问题给予积极反映，同时，对治霾进程及治霾成效进行跟踪报道。在企业及个人方面，对排污超标的企业以及造成严重环境污染的个人进行披露与曝光，并对后续环境弥补工作进行监督。总之，就是要充分利用外界力量，增加相关行为主体对环境保护的紧迫感和压力感，使政府勤于治理、企业达标排放、个人推崇环保。

7.3.4　加强生态文化建设

生态文化是新的文化，在全球污染背景下，在绿色发展的号召下应运而生，同时，生态文化也是一个全民概念，强调生态文化应全民建设，故加强生态文明建设能够最大范围地营造良好的生态文化氛围，使社会树立正确的生态文化价值观，自觉形成环保意识。从而，从源头减少环境污染，推动雾霾治理，促进人与自然和谐共处。

1）提高居民生态素养

当前，虽然我国公众应承担环保责任，但大多数人认为环境保护与治理是政府的事，只有少部分人认为环境保护，人人有责。公众环保意识淡化依然是当前环保工作推进的重要问题，为此，应多渠道地加强生态文化建设，提高居民的生态意识和生态素养是雾霾治理的重要举措。

第一，加强环保教育，增强环保意识。社会各界要积极承担环保责任，开展各种雾霾宣传工作，对雾霾的形成、危害和预防等相关知识进行宣传，加强公众对雾霾的认识。例如，政府可以以"绿色生活日"活动为样板，以"绿书、绿餐、绿行、绿跑"为主题，推行绿色生活方式，宣传文明健康的绿色理念，营造绿色生活的氛围。环境保护部门可以用小奖品的方式组织群众参观环保设施，组织群众参与环保宣传大会及环保知识竞答，营造良好的环保宣传氛围。也可以邀请环境保护领域的专家、学者走进社区，深入民众，为公众普及、讲解环保知识，使环保知识深入民众的生活。

社会环保组织也应当积极参与环保工作，通过组织公益环保活动，深入公众生活，增强宣传的影响力和号召力。比如，在小区、公园以及文化广场等人群密集的地方设环保宣传点，通过放映环保宣传片、发放环保宣传册、设立环保宣传展板等形式宣传环保知识，强化居民的环保意识（尹晓玉，2017）。此外，政府、教育部门以及学校应从基层教育做起，将垃圾分类等环保知识纳入学校教学内容，在开展理论课的同时，与实践课程相结合，培养学生的环保意识。

目前，已有多个国家把"绿水青山"搬进中小学课堂。如：美国环境教育法，通过法制，建立中小学环境教育体制，加强环境教育推广力度；日本将环保作为公民教育的重点，分别颁布《环境基本法》《学校教育法》

推进与保障环保教育的开展；英国将环保教育作为必修课程纳入国家课程体系，使各科都包含有关环保教育的知识；德国以及比利时也努力推进中小学环境教育。因此，我国应学习国外在环保教育方面的经验，使环境教育走进课堂，培育环保意识，从娃娃抓起。我们要通过社会各界的共同努力，营造良好的环境保护风气，使环保意识深入人心，让国人养成绿色生活的习惯，这对解决我国的雾霾污染问题具有深远的意义。

第二，积极推行绿色生活方式，倡导生态文明行为。政府应大力倡导居民使用绿色产品，参与绿色志愿服务，引导居民树立绿色增长、共建共创的理念，使绿色消费、绿色出行、绿色居住成为人们的自觉行动①。坚决抵制奢靡之风及不合理消费，反对过度包装，推行环保选购以及求实消费，走绿色消费之路。大力开展绿色低碳出行，积极引导消费者购买新能源汽车，出行选择公共交通、共享单车等方式。引导居民使用环保低碳产品，同时推行无纸化办公，减少一次性物品的使用，从小事做起，为雾霾治理尽责出力。

2）增强企业环境责任意识

企业尤其是工业企业是产品的生产者与经营者，同时也是垃圾的制造者，是环境污染的主体。因此，强化企业的环境责任是雾霾治理的重要路径。而企业环境责任分为企业道德责任（强调自律）和企业法律（强调法律）责任两种，其中，自律是企业自觉承担环境责任的基础，法律是企业承担环境责任的保障。故需两种责任结合，增强企业的环境责任意识。

第一，引导企业自发承担环境责任。工业垃圾是环境污染，也是雾霾污染的主要因子，故企业应当建立自律环保机制，对自身的排污行为负责，自觉承担环保责任。例如，企业应当根据《企业事业单位环境信息公开办法》《企业信息公开暂行条例》的相关规定，除涉及企业机密的信息，自觉披露有关排污状况的信息，接受政府、公众以及媒体的监督。此外，企业还应当响应政府绿色经济、健康发展的号召，服从政府环境维护方面的相关规定，按照《环境保护法》等法律法规，严格遵守排污标准，实现达标排放；最后，企业亦可转变自身管理模式，把环境保护纳入企业文化，营造良好的环境保护风气，使企业员工接受企业环保文化的熏陶，培养经济发展与环境保护共存的环境意识，树立员工的环境道德观，打造健康、绿色的经济发展方式。

---

① 360 百科。

第二，约束企业自觉承担环境责任。界定企业环境行为边界。对于不承担社会责任、不按规定标准排污的企业应动用法律手段强制执行。根据相关法律规定，向大气排放污染物的企业，应当符合大气污染物排放标准，遵守重点大气污染物排放总量控制要求，实行达标排放。对于拒不遵守排污规定的企业，生态环境主管部门可处以罚款、责令停产整治，甚至使其关闭停业。此外，对于有不良排污记录的企业在项目申报时，政府可适当设置项目申报屏障，如增加项目审查程序，提高项目准入门槛等；对于处罚中的企业，可直接否决其项目申报。再者，网络媒体以及社会大众应积极履行监督职责，对于超标排放的企业，可将其排污行为、排污量以及预计排污的影响，以适当、合法的途径，积极给予检举、揭发和披露。迫于政府和舆论的压力，以及维护自身形象和长远发展的需要，企业往往能够努力遵守排污标准，加大治污投入，承担环境责任。

7.3.5　调整结构打造绿色产业体系

1）调整能源和产业结构

（1）减少劣质煤炭消费，优化能源结构。目前，随着环保意识的增强以及国家发展政策的需要，我国煤炭消费比重虽有所下跌，但依然占主导地位。尤其是火力发电和冬日供暖使雾霾污染加剧。另外，有研究表明，煤炭消费在能源消费总量所占的比重与雾霾污染程度呈显著正相关关系。因此，减少煤炭使用，优化能源消费结构，治理雾霾污染迫在眉睫。

①我们应根据各省关于《耗煤项目煤炭消费减量替代管理办法的通知》，增加区域锅炉房的大型供热锅炉的使用，拆除、淘汰燃煤小锅炉，减少甚至停止燃煤小锅炉的使用，实现集中供热供暖，进而控制粉煤灰和炉渣的排放，推进大气污染治理。

②实现煤炭能源置换，减少小型煤机组发电量，提高煤炭利用率，实现节能减排，控制污染物的排放。加大宣传，鼓励消费者适时控制煤炭消费量，尤其是减少劣质煤消费，增加无烟煤等优质煤的使用，或者直接进行能源替代，使用清洁能源。

③加快技术投入，推进煤炭加工技术的优化升级，通过引进和吸收国外先进技术和经验，提升能源利用效率，减少碳排放。同时，针对目前我国煤炭资源开采难度大、开采成本高的情况，应加大优质煤炭的进口量，以减少内陆煤炭开采产生的雾霾污染。

（2）增加清洁能源使用，升级能源结构。在减少煤炭使用的同时，我们要积极寻找清洁、低碳、绿色的替代能源，增加天然气、风能、核能等清洁能源的使用比率，减少煤炭等化石燃料燃烧产生的废气、废渣等污染物，从而为实现低碳排放、从源头保护大气、减少雾霾做出贡献。

①在天然气使用方面，除了合理开采、有效利用本土天然气能源外，还要在共建"一带一路"的基础上，加强国际能源战略合作，加大天然气进口，减少天然气开采，最大限度地防止油气开采过程中重大环境污染和生态破坏事故的发生。

②核电由于其高效节能的特点，是煤电的绝佳替代方案，因此，我们要积极参与国际技术交流，有计划地引进国外核电开采先进技术和人才，在保障开发安全的基础上，实现技术突破，逐步启动核电项目，发展核电能源，增加核电利用，使之在缓解雾霾污染的同时，能够提升竞争力，培育新的经济增长点。

③在风电与水电方面，要利用我国自然地理条件与气候优势，加大能源开发与利用。此外，在构建水电、风电、核能等清洁能源电网系统的同时，降低清洁能源上网价格，降低能源使用成本，实现清洁能源在工业与生活等方面全面推广，促进能源结构优化升级。

（3）加快传统产业转型升级。农业、工业及服务业构成我国三大产业，三大产业相互制约、相互依赖构成了我国国民经济的产业体系和产业序列。其中，第二产业作为三大产业的核心，在国民经济体系中占据主导地位，对国民经济的发展起着重要的战略支撑作用。但是，该产业的发展壮大，带来了严重的环境污染与生态破坏，也是雾霾产生的主要推手。因此，加快产业结构调整步伐，推动产业结构优化升级是解决当前雾霾污染问题的关键。

①从增加消耗、加大数量向加大新工艺、新技术的投入，改进机器设备，加大技术含量转变，使国民经济由粗放型增长向集约型增长转变。

②进行工业产业尤其是传统制造业改造，对于高新技术产业等新型产业，政府要严格落实激励政策，从财政、税收、金融等方面给予鼓励，同时在法律、制度层面给予保障，全面促进工业产业层次升级。

③要有步骤、有计划地调整三大产业比重，在保障农业基础地位，适度减少第二产业、加大第三产业比重的同时，实现二、三产业联动发展，如此，在保障经济发展的同时，减少第二产业废气、废渣等污染物的排放，对缓解雾霾污染，解决雾霾难题大有裨益。

2）构建绿色产业体系

雾霾在很大程度上由传统制造业的污染物排放产生，因此雾霾问题的解决不能调整我国能源、产业结构，对传统产业增加科技成分实行绿色化、循环化改造，还要另辟蹊径，如构建绿色产业体系，发展绿色经济、循环经济，从根本上减少污染。具体要从以下几个方面推进。

第一，精心培育绿色产业。绿色产业是环境友好型、资源节约型和效益优良型产业，它符合我国目前发展要求，也符合未来产业发展方向。发展绿色产业对于调整优化产业结构，促进产业转型具有重要意义，同时，对于改善环境，促进雾霾污染治理也具有重要的推动作用。因此，国家和政府应出台相应的政策、文件，鼓励全国各地，因地制宜发展绿色产业，具体包括生态养殖、绿色食品的加工制造、林业经济等生态农业，大数据、电子信息、绿色能源等新兴产业以及娱乐休闲、生态旅游、健康养老、绿色金融等绿色服务业。在绿色产业培育过程中，我们可通过点线面体即龙头企业带头延长产业价值链，引进绿色企业，再到产业园区、绿色产业全覆盖的发展策略，逐步形成绿色产业网络化发展格局。

第二，健全绿色产业发展机制。从技术、政策等多方面建立健全绿色产业发展机制，能够为绿色产业的发展提供良好的外部环境。首先在技术方面，绿色技术是绿色产业发展的核心支撑力量，要提倡清洁生产技术、废弃物自动分类及处理技术、污染物监测技术、资源循环利用技术，不能走"单兵作战"的老路，要整合社会创新资源，走协同创新的新路（席鹭军，2016），以此构建绿色技术创新体系。而且在技术创新中要弱化政府参与，发挥市场在资源配置中的主体地位，让协同创新者成为市场参与的主体，允许进行市场交易，强化市场在技术配置中的主体地位。在扶持政策上，我们可通过制定一系列的规章和政策尤其是在融资政策方面，对发展绿色产业的企业给予鼓励和支持。因此，我们可以通过简化绿色项目审批手续、提高审批效率、降低融资成本，吸引绿色项目投资，通过税收优惠、低息借贷、产业补贴、绿色产业发展基金等方式拓宽绿色产业融资渠道，搭建绿色融资平台，为绿色产业的发展提供后援动力及经济支撑。

第8章 雾霾综合治理的政策体系构建

雾霾形成的原因来自多个方面，因此雾霾污染问题的综合治理需要从相对应的多个方面着手。根据我国雾霾污染的具体情况，结合当前国内经济、社会等各方面的实际形势，对雾霾问题的治理提出各种相契合的解决办法和措施，可以有效地缓解污染造成的压力以及从根本上解决这一问题带来的严重后果。因此，构建雾霾综合治理的政策体系，能够为各种具体的治理措施提供体系支撑，更好地推进雾霾综合治理的进程与发展。对此，本章从财政政策、税收政策等六个方面入手，对雾霾综合治理的政策体系构建提出相应的建议。

8.1 财政政策

雾霾问题归根结底是一个环境保护的问题，而节能环保这项支出在国家每年的一般公共预算支出中都占据比较重要的位置。雾霾的综合治理不仅要依靠国家有关部门的严厉监管与控制，还需要国家为治理问题的整个过程提供一定的财政政策的支持。打造完善的财政政策制度，能够在一定程度上将资金与制度引向更加有需求的地方，使得雾霾的治理能够更直接、有效。同时能够有利于深入地培育一个合理的环境治理体系，将财政政策与市场高度结合，促进雾霾等环境问题的解决。我国当前的财政分权制度需要改善，这里面的问题涉及中央和地方关于大气污染治理的事权划分，还有地方政府之间的合作模式。按目前来看，要解决这部分事权划分与合作，还是必须依靠中央政府的调节，中央政府必须完善环境财政转移支付制度，以便财权更好地能与事权相匹配（辜登峰，2018）。结合国外雾霾治理的政策经验，本文提出以下几点完善财政政策的建议。

8.1.1 增加财政预算

治理雾霾的支出来自国家财政支出预算中的节能环保支出，因此为了能够更好地进行雾霾的综合治理，提高相应的财政预算是非常重要的。

1）扩大投入规模

根据国家统计局数据，随着我国经济发展水平的逐年提高，在一般公共预算支出上也随之增加，于是对于节能环保支出这一项政府也越来越重视。如图 8 - 1 所示为 2008—2018 年我国一般公共预算支出以及节能环保支出、节能环保支出增长率。根据该图所示，我们可以看到，从 2008—2018 年，伴随着经济水平的提高，我国对于节能环保的财政支出也越来越多。但是另一方面，节能环保支出涉及多个项目，关于雾霾治理这一类别属于污染防治中的大气污染，所以在整体的节能环保财政支出中，雾霾治理这一个板块的支出还有待进一步提高；我们可以看到，节能环保支出在整体的公共预算支出中所占比例一直都保持在 3% 以内，并且一般我国环保支出占 GDP 总值1% 以下。以美国为例，其环保支出稳定占 GDP 总量的1. 7% ~ 1. 8% ，这表明我国对于节能环保的投入规模还有待提升。

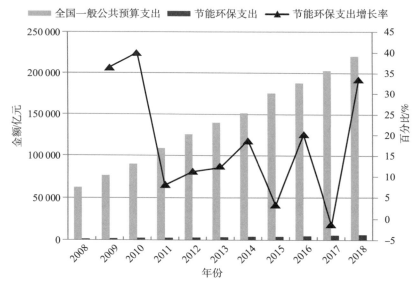

图 8 - 1　　2008—2018 年我国一般公共预算支出及节能环保支出、
节能环保支出增长率

从中央关于污染治理投入与地方污染治理投入来看，以 2017 年为例，中央财政污染治理中的大气污染治理支出为 0. 4 亿元，而地方财政的大气污染投入为 579. 2 亿元；从规模上来说，地方财政大气污染治理的投入要高于中央，从这一点来看，中央在污染治理这个方面的财政支出规模上存在不足。因此，针对当前危害日益严重的雾霾污染问题，国家需要更加重视，要求财政部妥善分配财政预算，充分发挥中央布置财政政策的主导作用，使得中央财政与地方财政配合起来，为雾霾的综合治理提供强有力的财政支出，从规模上达到更进一步的提高。

2）优化投入结构

从政府财政投入的结构来看，一方面是关于雾霾治理投入的比例不够合理；另一方面是在节能环保整个支出中，污染防治投入比例不够合理。从总体的节能环保投入来说，每年都有比较不错的增长速度，总量也是越来越大，并且污染防治投入的增长率较高，但是从量上看，并没有达到很高的水平。而关于污染防治内部项目方面，财政投入长期比较侧重于水污染治理，大气污染治理在第二位，而近年的环境形势变差，尤其是越来越多的地区都出现了很严重的雾霾问题，原先的财政投入结构必然要作出调整以适应新的发展要求。如表 8－1 所示为 2013—2017 年我国污染防治费用以及大气污染防治费用。

表 8－1　2013—2017 年我国污染防治费用及大气污染防治费用

年份	污染防治费用/亿元	大气污染防治费用/亿元
2013 年	904.97	69.14
2014 年	1084.54	168.50
2015 年	1314.16	298.06
2016 年	1447.55	308.04
2017 年	1883.02	579.60

可以说，我们关于污染防治的财政投入结构还有很大的优化空间，尤其是在大气污染防治，或者说是雾霾问题的防治问题上，国家的财政投入结构可以根据当前的实际情况进行调整。要将雾霾的综合治理放在污染防治投入的第一位，同时要考虑提升污染防治费用在整个节能环保支出中的比例，从而使得后续的整个雾霾综合治理的财政投入结构得到优化，以更加适应目前严峻的环境形势。

3）加强监管力度

雾霾的综合治理，非常依靠政府的财政支出，并且在支出的同时还需要有完善的支出保障机制、严格规范的预算管理。

第一，根据当前的经济形势，在保障教育、科技等重要支出的前提下有针对性地增加对雾霾治理方面的投入，做到统筹安排，优先保障，确保雾霾综合治理的效果。

第二，将预算法各项要求落实到预算管理工作各方面，实施全面规范、公开透明的预算制度。加大预算公开力度，公开内容更加细化，便于人大代表和社会公众监督。

第三，继续推进预算绩效管理，提高资金利用效率。要使预算绩效管理能够贯穿雾霾综合治理的全过程，扩大绩效管理的范围；同时组织第三方对重点的雾霾治理政策及重大项目开展绩效评价，增加被评价项目数量和涉及的金额。

8.1.2　增加政府环保采购

雾霾的综合治理涉及诸多的工程项目、治理的相关产品和服务，这些内容都需要政府、事业单位、各种社会组织使用财政资金来进行购买。政府采购可以引导生产方向和消费方向。我国节能环保产品政府采购金额从2009 年的302.1 亿元提高到2014 年的3 862.4 亿元，占政府采购总额的比重从4.08% 提高到22.32% 。我国政府绿色采购在促进"低碳经济"发展中成效显著。截至2016 年年底，我国列入清单的节能产品达28 类3.1 万种，标志产品达24 类1.5 万种①。

我国当前政府采购的发展虽然比较迅速，但是仍然存在着很多问题。首先是政府采购的规模还是比较小，范围比较窄。从整体来看，我国目前的关于节能环保产品的政府采购占政府采购总体的比例还不够，平均只在10% 左右，而发达国家的这一比例达到了30% ~50% ，可以说差距比较大。存在这个问题的原因主要是我国现阶段关于雾霾治理等问题的产业和服务发展还不够好，导致市场上相关的产品及服务的价格比较高，使得政府采购在选择上会更加倾向于传统产品。其次是相关法律、法规不完善。近年来，我国有关部门相继发布的一系列有关节能环保的规定还尚未达到立法的层面，而且存在多标准的现象，从而导致政府不能正确履行绿色采购义务（牛晓清，2017）。再次是缺乏有效的监督机制，绿色采购信息不透明。大气质量状况发布得不准确和不规范、监督机制不完善、采购人员不能够严格执行采购规范，导致我国绿色采购对雾霾的治理很难发挥作用（牛晓清，2017）。

根据上述我国政府采购存在的问题，在政策方面可以作如下改进：

第一，完善节能环保相关的规定，将其上升到立法层面，确保诸多规定能够统一标准，政府能够严格按照要求履行义务。并且要充分贯彻政府绿色采购制度，同时建立和完善更多相关的制度，让政府能够更好地发挥作用。

第二，政府要积极引导治理雾霾产业和产品的发展，起到带头作用，采购绿色、低碳的产品，并且要扩大对雾霾防治相关产品和服务的采购，

---

①　数据来源于牛晓清. 促进我国雾霾防治的财税政策研究［D］. 合肥：安徽财经大学，2017.

扩大大气友好型产品的采购清单，集中采购雾霾治理效率高的产品，促进雾霾防治产业的发展。

第三，建立和完善关于雾霾防治政府采购的监督机制以及制定清晰的政府产品和服务采购的清单和细则，让政府采购更加有效率，执行能力更强，更加能够带动生产者和消费者对雾霾治理产品和服务的关注。

8.1.3　健全转移支付

雾霾治理过程中政府的转移支付是非常重要的，转移支付的专项资金能够为各个地方的雾霾问题的处理提供一定的财政补助，帮助问题的治理和解决。但是当前我国政府转移支付存在以下几个问题：

第一，我国财政设立的大气污染防治专项资金，对于地方的雾霾转移支付比重较低，并且在很大程度上都是纵向转移。

第二，雾霾治理专项资金主要依靠政府财政投入，来源比较单一，缺乏其他社会资金的投入。

第三，财政投入的转移支付还存在监管不严格、雾霾治理专项资金使用效率低，甚至是存在挪用和侵占的问题。

1）完善转移支付制度，提高政府投入

首先，对于雾霾污染问题，必须考虑其地理区域发展因素，不同的地区存在统一性和差异性，这就要求政府的财政纵向转移支付能够充分分析这些因素，调整转移支付制度，提高纵向转移支付规模，适当增加大气污染治理方面的比重。其次要创新转移支付制度，开展横向转移制度。利用地区间雾霾治理出现的相似问题，以一个或几个特定的区域为试点，取对口支援、生态补偿等方式，逐步建立横向转移支付制度，克服不同地区政府之间的互相推诿扯皮，促进区域内不发达地区的生产生活改善，实现多方共赢。在试点成功后，可以向不同的地区推广。

2）重视环保产业发展，提高财政支持

对于逐渐发展的绿色环保产业和项目，政府也需要加大对其的纵向转移支付，通过有针对性的战略支持，使得这些企业能够得到进一步的发展。政府可以通过建立产业园的方式，将相关的环保产业和服务集中起来，更多地通过补贴等形式支持发展，提升雾霾治理的技术和产品质量。通过类似的措施帮助环保产业发展，逐渐提高社会其他资金在雾霾治理过程中的地位，从而有利于实现更高的经济效益和环保效益。

3）加强对政府转移支付的监督与管理

针对转移支付中出现的资金被挪用、侵占的问题，政府要完善监督与管理机制，保障资金的利用效率和成果。政府应该建立完整的绩效评估体系，根据专项资金转移支付的使用效率来评价政府工作人员的工作效率。为了保障财政投入纵向转移支付能够转化为雾霾治理产品及服务的最终成果，政府要采取措施量化转移支付资金与雾霾治理产出投入的比例，清晰明确雾霾治理事业实现的效率，将这些指标最终纳入政府官员大气污染治理的考核体系。另外，要完善转移支付资金信息共享机制，政府要积极公开有关雾霾治理专项资金的信息，利用多种渠道进行公示，实现转移支付资金相关信息资料共享。

8.1.4　增加政府补贴

政府补贴是指政府为了实现治理雾霾的目的，运用财政资金给予雾霾治理相关的社会组织及个人的经济性补偿。而财政贴息，是指在雾霾治理的过程中，为了达到一定的成果，政府为相关的企业提供贷款的部分甚至是全部的利息补助。可以说，政府补贴是让社会的各主体都参与雾霾治理的一个重要的手段，要实现有效的雾霾治理，必须让更多的主体主动参与进来。

我国目前关于雾霾治理的补贴主要着眼于雾霾天气的主要来源——企业，企业是造成雾霾天气的主要对象，因此大部分的财政补贴都面向的是企业。而对于广大居民来说，这方面的补贴就要少很多；并且我国关于雾霾治理的财政补贴还存在着补贴形式比较单一的问题，针对居民和企业以现金补贴为主，因此需要调整优化补贴方式，以便于更好地发挥补贴的作用，提高居民的积极性。

1）提高财政补贴的力度，扩大补贴范围

增加财政补贴应该面向多个主体，增加为雾霾治理生产产品和服务的企业的补贴，增加相关产业的财政贴息，提高居民的补贴力度。雾霾问题伴随着我国经济快速发展，在最近几年逐渐成为非常严重的环境问题，雾霾治理也是最近几年政府非常重视的环保项目。为雾霾治理提供产品和服务的企业也随之发展起来，但是这类企业，目前的发展还不算特别成熟，技术也并没有达到发达国家长期发展的程度，因此这些企业的产品相对来说要更贵一些。因此，政府提高对这类企业的财政补贴，能够加大其生产的信心，使其更加积极地投入到新的产品生产中去。另外，政府也可以提高那些使用防霾产品的企业的补贴，鼓励可能加重雾霾问题的相关企业多去使用防霾产品，从源头上降低雾霾出现的可能。最后就是重视对广大居民的补贴，政府要通过对居民，也就是对消费者更多的补贴，以从消费端引导大家去防范雾霾，减少加剧雾霾问题的消费，进一步实现雾霾的防治工作。

2）优化财政补贴的方式，促进多样化补助

目前我国主要的财政补贴方式还是以现金补贴为主，通过政府提供一定的财政资金来对企业生产和居民生活提供补助。这种方式从长期来说存在一些弊端，容易使企业产生依赖性。随着雾霾治理项目的进一步发展，政府应该加强政府贴息的补贴方式，让从事雾霾治理产品和服务生产的企业，在进行银行贷款的时候给予部分或者全部的利息补贴，减轻这类企业的经济压力。另外，对那些需要使用更多防霾产品的企业提供相应的防霾产品实物补贴，从而减少其购置的费用。

3）加强对财政补贴的监管，发挥更大作用

首先要有目的性地开展财政补贴工作，明确财政补贴面向哪些主体。要提前分析好财政补贴落实到哪些主体上，要达到什么样的效果。政府要找出之前关于雾霾治理的财政补贴实施中存在哪些问题，找出其中的薄弱环节，从而在之后的行动中避免出现此类错误。其次就是在事中开展账户检查和实物抽查，创新监管方法。在财政补贴实施过程中，对资金流向和账目进行检查，对实物补贴的产品进行抽检，保证补贴的使用效率。最后就是对财政补贴的结果进行审核和评价，对整个雾霾防治的补贴工作进行收尾，以便为后续的工作提供更多的经验。

8.1.5　加大科研资助力度

科学技术的发展是解决当前日益严重的雾霾问题的一个非常有效的途径。科学技术的发展一方面能够推动相关的雾霾防治企业的发展，另一方面政府加大了对雾霾治理的科技研发，提供了更多的财政投入和政策优惠，这都有利于雾霾治理技术的发展和管理。根据国家统计局数据，从2013—2017 年，我国的科技财政支出一直在提高，如表 8 - 2 所示。

表 8 - 2　2013—2017 年我国科技投入财政支出及增长率

年份	科技投入/亿元	增长率/%
2013	5084.30	——
2014	5314.45	4.53
2015	5862.57	10.31
2016	6563.96	11.96
2017	7256.98	10.56

通过表 8 - 2 我们可以看到，2013 年以来我国对于科技投入的财政支出是越来越多的，总量也比较大了，并且从增长速度上看也有比较大的提

高，这表明我国对于科研投入是非常重视的。另外，我国的科技投入支出的内部项目在细分中，基础研究、应用研究、技术研究与开发这三类占据了整个科技支出的绝大部分，这表明从研发科学技术到将技术应用到实际中，我国已经有针对性地进行了财政支持。

从科研投入的整体角度来看，目前我国关于雾霾治理的科技研发还主要依靠各大高校和一些科研机构，这在一定程度上保证了研究的广度和深度，但是，缺乏了广大社会资本的参与，使企业的科技研发能力没有充分激发出来，整个雾霾综合治理的技术体系还没有建立起来。因此，关于雾霾治理的科研支出还需要更进一步发展。

第一，要加强对于雾霾治理相关科技研发和项目的经费支持，培养更多的相关专业人才，形成一个长效的稳定的激励机制。雾霾的治理并不是一朝一夕就能完成的，而是需要长时间的投入，因此建立一个有效的人才培养机制能够保证雾霾治理的技术和产品的质量。

第二，给从事雾霾治理相关产业项目的企业以更多的优惠政策。这一点不仅要体现在相关的贷款和利息优惠上，政府还应该建立一个专门的产业研发基地和园区，鼓励更多的企业入驻。同时，地方政府应该设立专门的雾霾治理科技研发基地和企业支持项目，根据当地自身的具体情况，有针对性地研发和生产雾霾治理的产品。雾霾的综合治理一定要依靠中央和地方共同的努力，因此地方政府也要积极引入人才，鼓励当地创新企业的发展，增加科研支出比例。

第三，雾霾问题很大程度上也是很多企业能源使用加重污染的结果，推动新能源的开发和使用以及调整产业结构能够帮助雾霾问题的治理。从这个方面来说，消耗传统能源较多的省份和地区，应该有针对性地调整产业结构，增加工业污染源治理方面的投资比重，从源头治理大气污染，具体来说包括清退落后产能、安装脱硫脱硝设备等方面的投资。对于生活污染源上的排放，主要集中在冬季供暖采用的小锅炉，这方面政府已经在花大力气投资实施煤改气措施，之后继续的投资重点应该是在保障天然气的正常供给方面①。

8.2　税收政策

在大气污染防治和雾霾问题治理过程中，税收政策也能够发挥很大的

---

① 引自辜登峰. 大气污染治理的财政政策研究［D］. 北京：中国财政科学研究院，2018.

作用。雾霾治理是一个长期的攻坚战，雾霾的治理要求更多的经济手段的支持和引导，积极地运用税收政策去解决雾霾处理中的经济问题。我国当前关于雾霾治理的税收政策，在整体结构上还存在着一些不足，在应对日益严峻的污染形势时，目前的税收体系和相关政策还未能很好地调整好经济发展与污染治理之间的关系。因此，结合我国当前经济发展态势及环境变化情况，政府要综合各方面的因素，在税收政策和税收体系上进行改革和创新，进而能够保护环境，实现雾霾的综合治理。从长期来看，政府重视雾霾治理能够倒推经济发展，包括调整目前的能源消费结构以及创新现有的财税制度，促进"低碳型"经济的发展。

8.2.1　构建绿色税收体系

我国当前的税种方式还是比较单一，属于以传统的税收政策为主。对于我国目前这种变化较快的污染问题来说，现有的税种和税收方式还有待优化，从而更好地适应实际情况，弥补目前税收政策方面上的不足。

1）优化资源税征收

我国的雾霾问题在很大程度上与能源消耗型企业有关，这类企业消耗非常多的传统能源，对大气造成了非常大的污染。煤焦、电力等消耗大量煤炭等传统能源的企业，都需要有针对性地对其资源消耗和产业经营结构进行调整。

第一，提高资源税的税率，例如通过煤炭资源税的调整影响煤炭的价格，进而影响企业消耗煤炭的数量，将煤炭的价格负担从上游向下游传导，使得大量使用煤炭的企业如电力等产业进行产业结构的升级，通过更新生产技术来降低煤炭资源税的压力，从而降低自身的生产成本。

第二就是改进资源税的征收形式，将资源税原来从量计征的模式向从价计征的模式转变，这样能够使企业更加考虑在大量使用资源时，承受的成本与自身的收益之间的关系，这样能够更好地发挥价格的调节机制，发挥税收的调节作用。

2）改进消费税征收

雾霾问题的另一成因也离不开居民的生活污染，以及人为排放的交通运输污染等。针对消费税的调整，我们可以从下面三个方面入手：

第一，扩大消费税的征收范围，对于那些会影响大气污染、加剧雾霾现象的产品也征收一定的消费税，如木材行业的家居产品、造纸业等，将其纳入消费税的征收范围内。

第二，设定动态税率模式，针对高污染高能耗的产品，适当地提高税率，针对那些环保类型的产品，可以减低税率。这样能够鼓励消费者去购买节能环保型的产品，减少大气污染。以近十年的车辆购置税为例：

如图8-2所示，车辆购置税收入是一直在提高的，要引导消费者的购买方向，政府可以提高耗油量、排放量较高的车型的消费税，对于那些新能源的汽车，可以适当地以降低消费税为优惠来鼓励消费者购买。同时政府征收消费税，可以调整征收方式，从原来的生产环节征收调整到消费环节征收，给予消费者更加直观的征税体验，从而起到税收政策的引导作用。

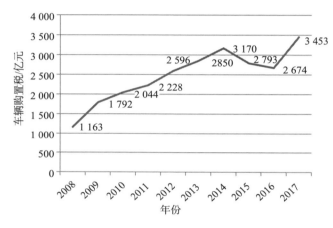

图8-2　2008—2017年我国车辆购置税变化

8.2.2　大力发展环保税

环保税最早由英国经济学家庇古提出，主要是通过特指的税种来维护生态环境，针对污染进行征税。我国的环境保护税相比于发达国家来说还不能对污染治理起到很好的调节作用，环保税还有待进一步的发展。自2018年1月1日起，《中华人民共和国环境保护税法》施行，这标志着中国有了首个以环境保护为目标的税种[①]。根据国家统计局财政部2018年年度决算的数据，2018年起征的环境保护税税收总额为151亿元。环境保护税的发展，从长期来看能够调节消费者和企业的行为，减少污染的排放，从根本上降低雾霾问题的严重性。

1）积极推动费改税

自从环保税法颁布以来，原先的排污收费制度要开始逐渐转变，原先

---

① 资料来自百度百科。

由环保部门征收排污费，现在将由税务部门征收环保税。原来的排污费制度没有对环境保护产生较大作用的原因是排污标准较低，使得很多企业宁愿缴纳排污费也不愿意升级生产方式、改进设备。这种情况对于日益严重的雾霾问题来说必须得到解决，推进费改税非常迫切。

推进费改税的目标就是通过以征收环保税等方式，倒逼企业积极淘汰落后产能，采用更加环保的技术和生产设备进行生产，从源头上达到治理雾霾等环境问题的目的。排污费改税需要政府的税务部门积极发挥职能，推进费改税，配合环保部门的一些专业性的知识，打造完善的税收制度，使得污染排放更加严格，从而促进雾霾问题的治理。另一方面，对排污费改税要加强监管，税收收入要透明，可以配合一定的法律规定，改善征收环境保护税的过程，更好地保障雾霾问题的治理。

2）扩大环保税征收范围

我国目前的环境保护税征收的范围包括大气污染物、水污染物、固体废物和噪声。但从环保的整体角度来看，环保税的征收范围还应不止如此。对于雾霾问题来说，我国目前的环保税主要是针对企业的污染物排放行为来征的。但是征税范围还应该考虑当前的主要污染物情况以及税务制度的改进、排污费改税的进程。

所以就当前的环保税征收范围来说，我们有以下几点政策建议：

第一，将原先的以排污行为征税改为以排污量征税，谁排放谁交税，并且根据企业排放污染的污染当量数作为税基，再根据不同类型的污染物，乘以《环境保护税税目税额表》（附录一）中所对应的税率，计算得出环境保护税税额①。污染排放越多的企业根据规定要缴纳越多的税额，这在一定程度上能够使得企业降低污染排放，减少大气污染。

第二，在移动污染源上，目前已经有车辆购置税、车船税等针对消费者车辆购置，以及成品油征税。如果继续对移动污染源征收环境保护税，可能会引起争议。所以政府在课税范围内要考虑不同税种之间的协调，在合理的范围内减少重复征税的争议，构建合理的环境保护税收体系。

第三，将高耗能产业纳入环保税征收范围，取消高耗能行业任何形式的出口退税。以税收调节的方式促使高耗能行业调整产业结构，减少污染排放。

3）合理制定税率

环境税的设计关键在于税率。税率的制定要适中，过高会抑制生产活

---

① 李旭红．环境保护税法实施的关键点探讨［J］．中国财政，2018（04）：7－9．

动，导致社会为"过分"清洁而付出太高的代价；过低则会妨碍其调控功能的有效发挥（邢丽，2009）。因此，税负水平的设计应考虑到污染治理成本、经济技术条件、排污者的承受能力、不同地区环境现状以及环保目标的差异①。具体可参考我国在征收排污费方面积累的数据经验，根据不同的征税对象，分别采用定额税率从量计征或比例税率征收②。目前公布的环保税税率水平还不足以完整地反映环境损失和减排成本，前文也提到了排污费效果不好的原因是排污标准偏低。所以未来环保税的税率制定要充分考虑环境治理成本和我国的经济发展状况，以当前的税率制定为最低限度，适当提高环保税的税率。

4）相关政策配套

与传统的税收征收管理相比，环保税的征收要更加复杂。首先环保税的征收要通过评定企业排放的污染物数量当值，再乘以制定的标准。污染物排放信息以及物料恒定等各方面的问题都需要税收部门和环保部门沟通合作。所以，可以由环保部门负责测定和提供污染物排放的信息，再由税收部门进行征税，这样就能够合理地进行税收征收，减少争议。另外，在征收方法上，可以由纳税人自行申报污染物排放数据，若是与环保部门提供的数据不相符，则以环保部门交送的数据作为应税污染物的计税依据。

另一方面，不同地区的经济发展水平和雾霾污染情况不同，经济发达地区和欠发达地区的环保意识也不同，因此可能导致对于环保税征收的态度不同，所以在环保税实施的时候，要考虑地区的差异性，根据不同的征税对象，采用不同的征税方法，例如分别采用定额征税和计量征税、比例税率征收的方法，从税收方法上提高企业的环保支付意愿，降低污染物的排放。

8.2.3　增加税收优惠

我们可以通过在税收过程中，施行能够降低雾霾污染的税收优惠政策，减少污染、引导企业转型升级，使其向环保生产发展，采用更加先进的生产工艺和设备。

1）消费税优惠政策

在消费者进行消费的时候，要对消费税进行一定的调整，对于那些符合节能环保标准的产品和消费行为，给予消费者一定的消费税优惠，如上

---

① 褚兵. 应对雾霾　结构性减税该如何"发力"［J］. 特区经济，2013（11）：108 - 109.
② 邢丽. 开征环境税：结构性减税中的"加法"效应研究［J］. 税务研究，2009（07）：9 - 13.

文提到的将消费税直接从消费者处征收时，可以对这些产品进行更优惠的税收征收。对于资源消耗和对大气污染程度不同的产品进行差别征税，并且如果是消费那些绿色环保类型的产品如新能源汽车等，还可以在一定程度上减税或者免税。

2）增值税优惠政策

第一，我国当前对于新能源产业的增值税征收还不太合理，应该进行调整，加大对新能源产业的税收优惠力度。由于新的清洁能源如风能、太阳能等，前期的投入成本比较高，但是后期的经营变动成本相对较低，所以进项成本抵扣很少，从而导致增值税缴纳甚至要比火力发电更多。因此，针对这种新的清洁能源，我们要根据它的生产特性来调整税收政策，不能一概而论。

第二，应对当前严峻的雾霾形势，对于那些进行工业废气、工业粉尘处理设备和原材料进口的企业，给予面授增值税的待遇；对于那些在生产过程中积极改进生产技术，采用环保设备生产高效率低能耗产品的企业，给予更低税率的优惠政策。

第三，对于那些积极研发先进环保节能技术的企业，无论是否属于环保企业，只要能够对于研发费用进行详细列支的，这些费用都应该允许在税前进行免除，鼓励环保技术的研发。

8.2.4 政府间赋税制度合理协调

雾霾的严重性已经不再是一个省或者一个地区的问题，其已上升到了全国性的问题。由于各地区的经济发展水平不一致，所以在赋税制度方面应该考虑到各地区的差异性。目前我国的税收政策主要集中于纵向的财税机制，横向的政府间的赋税制度还没有得到很好的制定。未来的政府间的赋税制度协调可以先从某一个地区为试点开始，如当前雾霾问题非常严重的京津冀地区，从一个地区的试点推广到全国，逐渐完善地方政府之间的赋税制度合作。

1）完善排放权交易制度

排放权交易是市场经济国家重要的环境经济政策，是市场对于环境保护的一种灵活的配置协调机制。我国目前还没有在全国范围内推广排放权的交易，但是可以通过在一个地区开展逐渐扩大范围。在一个地区的施行，涉及多个地方政府，因此首先要求中央能够制定政策，统一协调，然后地方政府制定配合的相关规定。要划定该区域总的大气污染物排放量，再根据区域内企业的生产状况进行分配，在该区域内的污染排放权能够进行交易。该区域内的地方政府权力相等、利益平等，要避免各自为政的弊端。地方政府之间要建立长效的排放权协调机制，如京津冀地区，北京和天津要能够考虑到河北的经济发展相对比较落后的现实情况，政府之间打造合理的利益补偿机制，制定合理的利益补偿量化标准，推动京津冀地区的大气污染排放减少，促进雾霾问题的综合治理。

2）通过新税种加强地方政府之间的联系

当前我国环保税才刚刚起步，还有很大的改善空间，因此通过打造针对雾霾问题的新税种，加强地方政府之间的共同治理，有利于雾霾的综合治理。新的环保税制定由中央统一协调，再由地方政府配合施行，涉及跨地区的税收征收时，地方政府之间要合作配合，制定好执行的条例，避免出现征税的混乱和政府税收部门的不作为。同时要保证该区域内的环境税征收标准一致，对于大气污染的规则要协同制定，在协作逐渐成熟之后共用一个规定，取消之前的旧规定。

3）政府之间信息公开共享与监督

要开展一个区域的雾霾综合治理，在很多方面都需要地方政府的协作配合。对于雾霾治理来说，很重要的一点就是要保持地区内的相关信息共享。同时，由于地方政府之间都是独立的办公，如果形成合作机制，所以还需要加强对各主体之间的监督和监管。

第一，打造一个地区性的区域信息公开机制，通过一个畅通的渠道，保证各地的信息能够时刻传递出去。共享的信息应该包括地区内污染物排放的情况、常规的监测数据、针对紧急问题的处理方案。以京津冀地区为例，根据三地发布的污染源分析结果来观察，虽然汽车、煤炭、工业粉尘、餐饮产出的污染量被三地共同承担，但具体到某地同样类型的污染源输出的贡献率仍有差别[①]。所以，三地必须分享地区内的解析结果给对方，并根据这些解析数据设置适合本地和区域共同协调的污染治理方法[②]。信息公开机制要整合各自的大气资源，保证治霾信息的交流共享，促进协作配合。

第二，针对政府之间的雾霾综合治理，健全内部协同治理的长效监督机制。地区间的雾霾综合治理，要把新的经济发展方式与生态保护机制结合起来，首先上级政府成立专门的监督机构和组织对地方政府进行监督，保证地方政府能够对上级的规定积极执行，例如新税种的推行、税率调整等方面。其次，地方政府之间要确立各自在雾霾治理中的职能，避免权责

---

① 初蕾．京津冀区域雾霾的政府间协同治理研究［D］．长春：东北师范大学，2017.
② 王宝义．京津冀雾霾治理中政府间协同合作研究［J］．中外企业家，2016（5）.

不清。最后就是区域在协同治理时，充分考虑到发展水平的差异，打造富
有区域特色的雾霾治理方式，形成互相监督的良好局面。

8.3　金融政策

雾霾问题的治理需要诸多政策共同发挥作用，才能逐渐解决问题，减
少污染排放，实现环保生态的经济发展。财政政策和税收政策是解决雾霾
问题的重要手段，同时金融政策也能够发挥很大的作用。虽然金融政策的
功能与财政政策不同，但是可以与财政政策达到互补，更好地发挥政策效
应。金融政策作为市场配置资金的重要政策工具，能够在雾霾防治中起到
重要作用。但是，我国目前关于雾霾治理的金融政策支持体系还不太完
善，相关的政策内容还有很大的改善空间，因此我们根据目前的雾霾治理
情况，提出一些有针对性的金融政策建议。

8.3.1　完善雾霾治理绿色金融体系

实施针对雾霾治理的金融政策，首先要完善当前的金融体系，施行绿
色环保的金融政策。目前我国的金融政策还没有很好地应对治理雾霾的要
求，投资体系还相对滞后，因此需要相应作出一些改变。

1）健全雾霾治理相关的金融法律法规

完善与雾霾治理相关的金融法律法规，明确规定市场主体的责任，
规范市场行为，使雾霾治理工作实现有法可依，扫除雾霾防治金融政策
的执行障碍[①]。要充分落实雾霾治理各方的权力和义务，有效保障各参
与主体的权利，提供稳定的法律和行政方面的支持，促使更多的主体积
极参与到雾霾治理的金融市场中来。节能减排是缓解雾霾问题最直接的
途径，2019 年我国制定了大量关于碳排放、节能减排综合性工作等方面
的法规，而要从根本上解决雾霾问题，就必须调整产业结构，因此相关
的立法工作还需要进一步发展。提到节能减排，就不得不提到排放权交
易的问题，健全排放权交易制度，打造排放权交易市场，让更多的主体
参与进来，充分利用市场来调整主体行为，有利于实现雾霾的综合治理。

2）积极引导多方主体参与雾霾治理金融市场

雾霾问题的治理需要很大的资金投入，就如上文所提到的每年的财政
资金投入都在增长，并且保持着稳定的增速。但是，仅仅依靠将政府的财

---

① 杨奔，林艳 . 我国雾霾防治的金融政策研究 [J]. 经济纵横，2015（12）.

政资金投入到雾霾治理当中的话，从长期来看是远远不够的。雾霾的治理是一个长期的环保攻坚战，涉及很多的主体和内容，单单依靠政府的财政资金和目前的政策治理还是比较不足的，因此，政府积极引导更多的主体参与到金融市场中、参与到雾霾的综合治理当中来是非常有必要的。

第一，积极吸引更多的社会资金投入到雾霾治理当中来。更多的社会资金参与进来能够缓解政府财政的一部分压力，同时又能够扩大雾霾治理的金融市场，推动雾霾治理形成一个更加规范、有效的金融体系。

第二，雾霾治理需要更加先进的技术和设备支撑，很多企业是无法承担这些研发费用的，因此同样需要多主体的参与。一方面，企业之间可以联系起来，组成一个利益集体，共同出资给有能力研发的企业或研发机构下订单，以寻求更环保的生产技术和设备。另一方面，出资方可以向一些金融机构包括商业银行或者其他的民间资本寻求资金的支持，同时向政府申请更多金融政策方面的支持和优惠，作为转变生产方式的"报酬"。这样一种多方参与的雾霾综合治理，更加需要构建一个完整的金融市场政策体系。

3）搭建多方信息共享平台

雾霾治理的金融政策体系建设，涉及多方主体和不同的行为，包括绿色金融体系、绿色环保型企业建设等，因此需要建设一个信息共享平台，减少经济方面的争议，更好地发挥金融政策的作用。

第一，政府在引导企业改进生产方式、转型节能环保生产的时候，环保部门要积极公示污染监测的相关数据，同时明确污染排放的标准和规则，帮助财政部门和税收部门制定接下来的对策。

第二，让更多的金融机构参与到雾霾综合治理的进程中来，支持更多寻求转变的企业获得绿色发展的资金，要更加注重其后续的信息获取工作，除了保证自身的盈利之外，还要关心企业之后的生产是否符合节能环保的标准，对于那些未能做到绿色环保生产的企业，要给予警告甚至将其纳入整个雾霾治理金融市场的黑名单。

第三，在排污权交易中，可以组织多个地区的主体参与进来，共同完善当前的排污权交易市场，分享各地雾霾治理标准和信息，构建一个良好的体系。

8.3.2　积极推进绿色信贷的发展

采用金融工具和手段来治理雾霾是一个较新的思路，从污染物排放源头进行防治，通过控制信贷资金的去向以及确定融资项目评估过程中的评估因素，来促进企业重视环境和社会影响，促进产业结构转型，调整企业能源结构，推动清洁型能源的开发和利用①。绿色信贷的主要实施对象是企业，通过各种政策和金融手段调整企业的行为，最终帮助实现雾霾的治理。

1）促进产业调整与发展

绿色信贷发挥作用，主要依靠商业银行、政策性银行等金融机构，根据国家相关的经济政策和产业政策，针对不同的企业采用不同的金融手段，使得不同性质的企业能得到相应的改变。一方面，对于生产排污设备和研发雾霾防治技术的企业，相关的商业银行应该给予贷款扶持；而政策性银行则可以提供利率的优惠等政策提供帮助。通过这些举措，帮助这种环保型、生态保护型的企业解决资金的困难，促进其生产的进一步发展，从而为雾霾防治提供更先进的设备和生产技术。另一方面，针对那些污染排放量大的、高能耗的企业，商业银行可以考虑对这类企业的流动资金贷款和新建项目投资贷款进行限制，甚至对某些排放巨大污染的企业实施高利率的惩罚措施，促使该类企业加快转变生产方式，调整产业结构，向环境友好型企业发展，减少雾霾污染物的排放。

2）完善绿色信贷产品与服务体系

目前商业银行施行的信贷担保模式，在一定程度上制约了很多绿色企业寻求资金支持的需求，因为这些生产环保设备、从事环境治理的企业往往因为自身的发展规模和经营状况，缺乏融资渠道，因此不能获取到足够的资金完成进一步的扩展，导致市场上的此类企业很难发展。而商业银行如果能够调整信贷模式，采用新的担保方式，放宽对这种环保型企业的贷款条件，就能够鼓励他们发展。另外，我国的绿色信贷可以向国外的成功经验学习，除了保持绿色信贷的主营业务以外，还可以创新一些新的绿色信贷产品和服务。例如近年来越来越多的银行机构在绿色信贷主营业务基础上，创新了节能技术设备改造贷款、国际碳（CDM）保理融资、绿色股权融资等绿色信贷产品和服务体系②。

3）采用国际标准，加强雾霾综合治理

赤道准则是由世界银行下属的国际金融公司和荷兰银行提出的一项企业贷款准则。赤道准则已经成为国际项目融资的一个新标准，在贷款和项目资助中强调企业的社会责任。很多国家的金融机构目前都采用国际通用

①　江晨光. 绿色金融促进产业结构调整研究［D］. 南昌：南昌大学，2011.

②　周景坤，黎雅婷. 国外雾霾防治金融政策举措及启示［J］. 经济纵横，2016，367（6）：115－119.

标准，使绿色信贷政策能够覆盖到更大的范围，使不同的环保政策和措施能够协调运转。目前我国的绿色信贷政策如果能够初步向国际标准看齐，众多金融机构便能够学习国外的经验和成果，在未来更大的环保项目和跨区域雾霾综合治理中，让绿色信贷政策发挥作用，更好地配置社会经济资源。

8.3.3　加强雾霾治理金融监管

伴随着雾霾治理的金融体系构建，对于各方面的金融监管也需要随之加强，以应对新出现的问题和调整、规范当前各主体的行为。

第一，对企业的经营行为进行监督，要求企业生产经营符合节能环保的标准，遵守国家规范。有关的金融机构要严格控制绿色信贷的申请对象，严格禁止那些从事污染生产的企业利用绿色信贷的资金，进行扩大生产，给环境造成更大的压力。有关的监管部门要及时对大气的质量进行检测，一旦发现某些企业造成了大量污染排放，就需要与金融机构联系，减少甚至终止这些企业的融资。另外，对于那些符合绿色环保规范的企业，在申请绿色信贷或者其他绿色金融业务时，应该给予更多的优惠政策。比如，一些企业在申请绿色项目生产时，金融机构在融资时提供更低利率的优惠。

第二，通过强化信息披露制度，来提高绿色金融市场的透明度。加强对绿色金融业务和产品综合监管，形成宏观审慎评估和微观运营监管的协调。但需建立公共环境数据平台，完善绿色金融标准。同时，使用环境压力测试体系等手段，打破由于信息不对称所导致的绿色投融资瓶颈。但需防范由于环保压力所带来的高污染企业贷款不良率提高与在政策约束不完善、有效监管不足的发展初期所出现的监管套利行为，影响绿色金融的健康发展。

第三，对于移动污染源和潜在的污染生产企业，要加强监督和引导，减少污染排放，从源头缓解雾霾问题。政府要大力发展公共交通，积极引导民众采用公共交通出行，对采用绿色出行方式的市民提供一定的交通补贴。汽车排放也是加剧雾霾问题的重大污染源，所以当前要大力支持绿色能源汽车的发展，加大对新能源汽车制造业的绿色金融支持，给予其更多的优惠政策；同时积极鼓励消费者购买新能源汽车，倡导绿色出行，对购买新能源产品的消费者给予补贴优惠，减少其购买成本。最后，加强对那些存在信贷融资项目的企业的监管，一旦这类企业出现污染生产的现象，就马上停止对其融资的支持；并且督促这类企业，尽快调整生产方式，进行转型升级，发展清洁生产，实现节能环保和雾霾治理的目标。

8.3.4　构建第三方评价机制

促进雾霾的综合治理，需要社会各主体共同发挥作用，在政府制定的政策引导下，从横向到纵向，对雾霾这种区域性的污染进行治理，建设环境友好型社会。所以在这种情况下，金融政策的实施不仅要依靠政府、金融机构来完成，还需要有第三方对整个过程进行评价，以形成监督来促进节能环保经济的发展。由于目前的绿色金融体系还不是很完善，应对雾霾问题的相关政策还存在不足，需要构建一整套科学完整的评价体系来分析政策是否落地及其效果。这样可以使整个运作系统更完整、科学。第三方评价机制的方式是多样的，当官方给出相应的评价时，第三方评价体系发挥作用，对其官方的评价结果和制度运行情况再次评价（张婷婷，廖立力，2018）。

要在官方评价机构和金融机构之外构建第三方评价体系，一方面可以确保评估价值的准确性、全面性，另一方面也会加大社会和群众对评估价值的满意程度，进而推动绿色金融体系在雾霾整治方面的发展和完善①。这样的一个第三方机制的出现，可以让绿色金融在整个雾霾治理中发挥很大的作用，保证金融市场的运行能够更加有效。同时，构建第三方评价体系，也能够让更多的主体意识到雾霾治理的重要性，从而促进更多的企业加入环保生产的行列中来，进行绿色环保的经济活动。

8.4　产业政策

要对雾霾问题进行治理，就必须对雾霾的性质进行研究，进而有针对性地通过产业调整和技术改造等方式来解决这一问题。目前已知的雾霾的主要来源为工业粉尘、机动车尾气排放等，所以，政府在产业政策上可以针对这些因素进行制定，利用政策来推动相关企业的转型升级，减少污染物的排放，从雾霾产生的源头开始治理。并且，产业结构的落后已严重影响了经济的可持续发展，因此，调整目前的相关产业结构，从长远来看有利于国内经济的健康发展。

8.4.1　产业转型升级，优化产业结构

目前我国部分产业还存在着发展方式粗放、随意排放大量污染物的问

---

① 张婷婷，廖立力. 绿色金融在雾霾治理中的作用研究［J］. 金融理论与教学，2018（05）：59－62＋69.

题，这类企业是雾霾产生的主要来源。产业结构和能源结构不合理，导致目前雾霾问题持续加剧，因此要从根本上治理雾霾，需要从源头着手，引导高污染、高能耗的企业进行产业调整，促进转型升级。

1) 引导高污染企业环保生产，提高资源利用效率

政府要尽快引导污染性企业进行转型和调整生产方式，采用更清洁的设备和环保的生产技术进行生产，以此来降低污染的排放。目前很多的企业在生产中仍然使用传统的清洁设备，在普通的大气环境条件下可以使用，但是在雾霾问题日益严重的今天，这类设备已经无法起到清洁生产的作用，因此需要企业更新自身的设施。另外，政府要鼓励企业采用清洁能源生产，减少传统能源的使用，以此来降低污染。最后，政府要加快淘汰落后产能，为先进产能腾出市场空间，提高资源的利用效率，从而使得整个技术水平能有所提升。

2) 支持大气污染治理产业发展

当前我国雾霾治理还存在着缺乏清洁设备和治理技术的问题，使得目前的治理效果不明显。因此政府要积极鼓励大气污染治理产业的发展，为雾霾治理提供帮助。例如我国大气治理产业发展中的技术应用，在实际产业发展中应用的还是比较落后的火电烟气脱硫脱硝除尘技术，该项技术应对的是普通的大气环境治理，而雾霾环境下的大气治理已经不再适合使用火电烟气脱硫脱硝除尘技术，在这种背景下，应该加强对大气治理产业的设备发展和技术研究①。

3) 发展绿色品牌

在经济发展中强调绿色观念，进行产业集聚，建设绿色产业园，鼓励更多地区的企业共同参与进来，打造一个绿色品牌，从而实行高质量的产品生产和技术研发，进而影响整个产业结构，走一条绿色创新之路。

8.4.2　完善融资和补贴政策

以当前我国的生态补偿机制为例，尤其是政府的财政转移支付制度还不够健全，生态补偿机制中政府财政支出所占比重最高。这就使得地方政府对此依赖性较强，并且一旦中央财政补贴减少，地方甚至会降低环境规制来吸引外来资金。对于这种情况，政府应该完善目前雾霾治理产业的融资和财政补贴政策，更多地利用好市场上的资源，以更好地解决雾霾产业目前的发展问题。

---

① 刘易平. 关于雾霾影响下大气治理产业发展问题与对策研究 [J]. 工程建设与设计，2018 (4)：145 – 146.

1）积极发挥金融政策作用，增加产业融资

首先要给予生产环保设备和大气污染治理设备的企业更多的贷款，同时在一定程度上对这类企业设置更低的利率，以减轻环保型企业的成本压力。其次要鼓励金融机构设置雾霾治理基金，为更多的缺乏融资能力和渠道的中小企业提供资金，帮助其发展壮大。同时可以直接让金融机构参与到环保生产的项目中来，通过资金的支持最后与企业分享收益。

2）创新对企业的财政补贴政策

首先政府可以增加对低碳型生产、环保型生产企业的财政补贴，减轻其经营压力。而对于那些有潜在污染环境的企业，或者是高污染、高消耗的企业，政府可以进行阶段性的评估，如果这些企业在规定的时间内存在不符合环保标准的生产行为，就给予一定的惩罚，如减少财政补贴等。其次，可以采取"以奖代补"的形式，政府可设立专门的雾霾治理创新基金，对于那些在治理技术上、治理设备上有创新的企业，给予奖励，同样可以减轻这些公司的研发资金压力。

8.4.3 发掘产业转移治理雾霾

产业转移不仅能够推进区域内经济向一体化方向发展，在雾霾污染严重的区域，还能够起到缓解中心城市因快速扩张而导致的环境污染问题。同时产业转移必须考虑地区之间的溢出效应，即某项活动的外部性。产业转移涉及整个地区内部的多个城市，根据区域内雾霾污染问题，合理规划产业转移，有利于实现雾霾的综合治理。

第一，根据企业污染程度来制定差异化的产业转移政策。在强调绿色发展的背景下，要更加重视发挥产业转移的环境效应。产业政策的制定应统筹兼顾，充分考虑和利用产业转移对雾霾污染的治理作用。在考虑产业转移带来的环境效应的同时也要考虑经济效应。对于那些地区内污染较小、无污染的企业，在产业转移过程中要充分考虑当地的经济结构和发展情况；对于那些高污染、高能耗的产业，需要注意各地区的溢出特征，在不违背经济规律的前提下，转移至溢出效应更弱的地区。

第二，识别区域间差异，正确施行产业转移。由于一个地区内不同城市的雾霾问题和自身的溢出强度存在差异，因此在地区内部能够实现产业转移来缓解雾霾问题。首先产业转移也要遵循经济规律，在此基础上实现环保效应才能够使产业转移发挥更大的作用。例如那些污染比较严重、能耗高的，在产业转移的过程中，要考虑地区的溢出特征，尽量不要转移到溢出效应强的地区，否则会导致雾霾问题更加严重。

第三，集中治理高污染产业。由于各地的雾霾浓度与溢出效应之间并不具有显著的正相关关系，故将高污染产业尽量转移至溢出效应较弱的地区既不会明显增强本地的溢出效应，又可以有效降低迁出地的污染及溢出水平，有助于改善整个区域的雾霾污染问题①。将高污染、高能耗的产业集中起来，形成产业集聚，一方面能够整合发展方向，另一方面，集中起来之后的污染处理和废弃物排放能够统一处理，从而更加高效地治理污染。另外，将这类产业向能源禀赋较强的地区进行转移，能够充分发挥能源的集聚效应。同时，由于这种高能耗的企业比较依赖地区的能源，所以当地可以以此制定更为严格的环保政策，从而降低污染物排放，减轻雾霾问题。我们通过地区间的政策，实现产业转移，既能够带动一些城市的经济发展，又能够减轻整个地区的雾霾污染压力。

8.4.4 规范产业标准，加强监管工作

目前我国还没有针对大气污染治理产业进入市场标准的法律，所以在这方面还有待进步。并且针对当前很多的高污染、高能耗产业，政策方面还没有直接落实到企业。雾霾问题总的来说是一个区域性污染形成的，涉及企业、个人、各种行业，所以相关的环保标准需要拓展适用范围。

首先，对于大气污染治理企业来说，政府需要制定市场准入标准。它包括企业资本情况、知识产权技术等方面，从而为这一市场设立门槛，防止出现恶性竞争导致资源浪费、资源配置效率低等问题。并且我们可以将这类企业组成地方性或者全国性的行业协会，对生产效率良好、获取专利技术更多的企业予以更多的优惠政策，如在国有项目竞标中优先考虑。同时定期对这些生产企业进行评估，审核该类企业的产品质量、治理技术的效果等，对于评估后评价很差的企业予以公示，要求其改正自身的发展方向，提高技术水平，生产更好的雾霾治理产品。

另外，对加剧雾霾问题的主要类型企业实行更强的监管。由环保部门和其他政府部门共同努力，针对高能耗、高污染的企业进行监管。对大气污染物排放的要求更加严格，当这类企业内的污染物排放超过了规定的环保标准时，无论是否为这类企业所造成，都应该对其受害主体和区域进行环境赔偿。我们通过更加严格的管理措施，引导企业转型升级，促进区域内产业升级改造，从而实现雾霾的综合治理。

---

① 刘曦彤. 如何发挥产业转移的雾霾治理效应？——基于长三角地区的实证研究 [J]. 科学决策，2018（3）：83-94.

8.5　价格政策

价格政策是财政政策和货币政策的重要补充，灵活的价格政策能够发挥价格杠杆的调节作用，对于推动经济结构调整，促进经济健康持续发展具有重要意义。雾霾治理的问题，如果仅仅依靠政府的财政政策和税收政策还不足以建立一个长期有效的雾霾治理市场。雾霾治理需要多方主体的共同参与，以市场的经济手段，实现综合治理，从根本上防治这一问题。雾霾产生的原因很多，涉及的产品和产业也很多，制定价格政策要充分考虑到主体之间的经济利益和地区整体的环境效益，以长期、可持续发展为目标，争取合理解决雾霾问题。

8.5.1　完善能源价格政策

根据党的十八届三中全会精神决定，政府应该放开对石油、天然气等方面能源的价格管制，将这些类型能源价格的制定交给市场决定。政府的定价范围应该限定在重要公用事业、公益性服务等方面，其他类型的能源自动形成竞争性价格市场。并且要破除政府对于一些能源的行政性垄断，长期以来政府在电力、油气等行业的行政性垄断，阻碍了能源市场的市场定价机制，也阻碍了新能源的发展。雾霾污染很大一部分来源于一些高能耗企业落后的排污设备，以及大量使用的传统能源，因此在能源方面，政府的价格政策有很大的提升空间。

政府在逐渐放开对一些能源行业的价格管制后，由这类能源行业自行进行价格竞争，形成竞争性价格市场。而对于新能源行业，应该是政府目前积极发展的一个部分，要积极推动新能源的发展，减少大气污染的排放，缓解雾霾问题的压力。而新能源行业在我国可以说算是刚刚起步，建设成本比较高，因此跟传统能源相比没有价格优势。政府针对这个问题应该建设一个新能源专门的竞争市场，避免新能源与传统能源竞争。同时建设这个市场有利于新能源行业内部的竞争，提高技术水平。随着新能源技术的发展，其成本将会逐渐降低，到那个时候新能源便能取代传统能源，成为主要能源供给，从而大大减少环境污染。

在能源消费的外部性方面，政府需要建立一个合理的协调机制。市场能够很好地配置资源，但是当市场处理不了环境污染带来的外部性问题时，政府应当采取措施。如前面提到过的财税政策中的征收环境税，及要求企业更新排污清洁设备等；另外，政府也要引导行业淘汰一些高能耗、高污染的小企业。总而言之，政府应当在市场配置资源的基础上，妥善地运用行政手段进行环境管制。

8.5.2　完善新能源汽车价格政策

随着经济水平的提高，越来越多的居民购置了汽车来出行，但是汽车尾气排放也是雾霾问题的主要来源之一，要从根本上解决雾霾问题，处理好车辆污染排放非常关键。新能源汽车近年来逐渐兴起，在市场上慢慢崭露头角，但相比于传统的油耗汽车，在市场上差距非常大。可以说，整个社会对于新能源汽车是怀有希望和热情的，政府积极鼓励，众多科研机构和企业参与研发生产，但是最终的效果并不如人意。从目前的情况来看，新能源汽车一方面技术并没有达到能够在市场全面推广的水平，很多企业都没有信心去投资这一新产业；另一方面，相关的基础设施和产业政策还没有完备地建立起来，政府不能够为新能源汽车产业提供政策支持。总而言之，新能源汽车目前难以推广给大多数民众，这使得节能减排难以实现。因此，从价格政策方面，政府应该给出一些措施来帮助新能源汽车产业的发展。

首先，政府要对新能源汽车生产企业提出更多的激励性政策。在目前的生产条件下，新能源汽车的价格比较高，没有竞争力。因此，政府应该给予生产企业更多的税收优惠和补贴政策，包括在研发领域提供更多的补贴、政府扩大采购、在贷款方面给予更多的优惠等，其目的都是最终将产品的价格降低以获得市场竞争力。其次，对消费者购买新能源汽车给予政策优惠。一方面设置购置新能源汽车补贴，降低购车成本；另一方面创新销售和宣传方式，推动"以旧换新"、增加汽车试开和产品知识普及等，吸引消费者购买。最后，政府要对传统汽车行业提出一些限制类价格政策。这主要是通过提高燃油经济性标准，提高传统汽车的使用成本，引导消费者转向新能源汽车市场。

8.5.3　积极引导居民增强雾霾治理支付意愿

雾霾治理事关广大居民的切身利益，要实现雾霾的综合治理，居民的雾霾治理支付意愿非常重要，能够影响政府和企业在雾霾治理中的举措。美国经济学家保罗·萨缪尔森提出公共物品具有消费的非竞争性与收益的非排他性，如果将空气看作公共物品的话，那么在空气被大量雾霾污染之后，经过雾霾治理后的空气应当被视为一种商品，居民应该需要支付一定的费用给治理的主体或者是自身支付费用来治理污染。

　　从城市角度来讲，城市的工业化发展较好，很多城市都有一些高能耗、高污染的企业，它们导致城市中的雾霾问题比较严重。同时城市中有着更密集的人口和数量众多的车辆，这进一步加剧了雾霾的严重性。但是城市有着收入更高、信息更加发达的优势，因此在雾霾治理支付意愿这方面也更加强烈。首先，政府要积极拓宽雾霾治理的融资渠道，除了政府财政资金和金融机构投资以外，居民的自愿支付也可以纳入支付手段中来作为辅助资金，这样不仅能够增加治理资金，同时也有利于居民参与到资金使用的监管中来，从而保障雾霾治理资金的合理使用。其次政府要加强雾霾治理的宣传工作，提高居民对于雾霾问题的认识，让居民感受到雾霾问题的严重性，提高环境保护的意识，这一点在农村同样适用。最后政府可以完善雾霾治理公众参与制度，让更多居民特别是雾霾风险意识较高者主动参与到政府和企业雾霾治理监管工作中，培养居民雾霾治理主体意识，充分发挥居民雾霾治理的主体作用①。

　　对于农村方面来说，首先，政府要发挥领导作用，引导农村居民提升参与雾霾治理的积极性。农村居民受限于收入水平、农村基础设施较差等问题，对于雾霾治理缺乏能力。因此政府要建立政府、市场、农村三者协调的治理格局。一方面完善农村雾霾治理的支付标准和环境保护政策；另一方面加强农村雾霾治理基础设施建设，政府对农村的雾霾污染问题提供总的指导方针和建议。其次，政府要界定好农户支付领域。农村的雾霾治理也涉及很多领域，包括生活废气、农业生产等方面，这其中部分领域可以由政府承担，如秸秆燃烧等则可以通过承包、补助等方式与社区、私营部门合作完成，由农户完成支付。具体的政策制定应当考虑到地区和农户的收入等情况。

8.6　贸易政策

　　随着经济全球化的不断发展，中国自从加入 WTO 以后，在国际贸易方面取得了巨大的发展。目前我国在对外贸易的体量和规模上已经非常庞大，成了世界第一大货物贸易国家，并且民营企业在外贸进出口中占据着第一大主体地位，贡献度超过 50%。随着对外贸易的不断发展，伴随而来的还有环境问题。由于当前的贸易政策和与之搭配的环境政策不够完善，所以雾霾问题在很大程度上也受到国际贸易的影响，要实现雾霾的综合治

---

　　① 葛继红，郑智聪，杨森. 城市居民雾霾治理支付意愿及其影响因素研究——基于南京市民的调查数据［J］. 湖南农业大学学报（社会科学版），2016，17（6）：89-93.

理，需要在贸易政策上作出调整和转变，以更好地适应环境的变化，促进环境保护。

8.6.1 调整外贸增长方式

当前我国的贸易出口方式主要是加工贸易出口，这充分符合我国的要素禀赋结构，利用廉价劳动力参与国际分工，则主要体现在那些需要密集使用劳动力代工厂企业。我国人口众多，利用人口比较优势参与国际贸易，能够有效增加劳动者的收入。但是在很多方面生产扩张过于依赖廉价要素的投入，缺乏创新投入，增长方式粗犷，带来了很多的污染，如长三角等地区雾霾问题的加重。

可以说，目前我国的加工贸易水平还不够高，产品的附加值较低，在外贸方面还是以规模经济取胜，从长期来讲既不利于外贸经济发展质量提高，对雾霾问题来说，也没有解决的办法。因此，我们要调整粗犷的外贸增长方式，将我国目前的以数量和规模为优势的外贸发展方式，转变为发展具有高质量、高水平的外贸格局。一方面，政府要积极鼓励企业创新，培养其创新意识，增强其创新技术研发能力，改变其传统的发展战略，推动加工贸易产业链向前延伸和向后延伸，使得产品具有更高附加值和技术含量。对于资源浪费型的产品要严格限制，将加工贸易产品从资源密集型和劳动密集型向技术密集型转变。另一方面，政府要积极培养企业品牌，将"中国制造"向"中国创造"转变，注重保护企业知识产权、保护企业利益。当外贸发展转向技术型产品加工和出口之后，我们不仅能够减少污染排放，缓解雾霾问题，而且能够增强企业外贸发展实力，促进整个贸易经济进一步提升。

8.6.2 优化贸易结构

在我国逐渐扩大贸易开放、与国际加强合作的同时，根据相关文献研究，贸易开放的扩大更会引起雾霾问题。在我国大门永向世界开放、正从外贸大国迈向贸易强国的情景下，为了最大限度地消除贸易开放对我国大气环境产生的负面影响，我国要优化贸易结构，实施优进优出[①]。

首先要结合我国目前的产业技术水平，有针对性地促进产业升级。一方面要加快产业转移力度，大力发展高新技术产业如信息、生物、新能源等产业，使得产业由劳动密集型向资本密集型，未来向知识密集型转变。

---

① 刘晓红，江可申. 城镇化进程中我国经济增长、贸易开放、第三产业与雾霾——基于省际面板数据的实证 [J]. 金融与经济，2017（3）：20－25.

我们要通过提高企业出口产品的技术水平，逐步缩小与发达国家出口产品的技术层次，提高竞争力。另一方面，对于传统的出口产品进行深加工，提高技术含量，将新技术与新材料向传统产业渗透，促进劳动密集型产业升级。在进口方面，转变过去的大量进口外部产品和引进外资企业的策略，降低引进低技术水平、低附加值的产品比例，更多地引进技术含量高的产品；同时，对于那些排放大量污染的，利用我国资源进行生产的外国企业，政府要进行管控，避免这些企业对环境造成更多的污染。要优化贸易结构，提高贸易开放层次，注重向贸易效益型模式转变。

8.6.3　完善贸易环境政策

在我国加入 WTO 之后，其中一些国民待遇的要求在我国贸易逐渐扩大的时候，对我国的环境造成了压力。由于这些规则的要求，一些在发达国家被禁止的物质被企业进口时，我国不得不接受进入。这是由于我国目前的关于贸易的法律法规还不够完善，一些环境标准未能合理制定。因此，完善贸易环境政策，缩小与发达国家环境标准的差距，能够避免成为国外污染品的"避风港"。

一方面我国目前的环境政策和执法机制还不能很好地建立和实施。我国目前的环保政策还缺乏强有力的执法、司法责任追究机制，一些环境保护法律未能得到有效的执行。因此需要赋予环保部门更多的权力，使其更好地发挥作用，去执行环保政策，向其他的部门提供环境信息。另一方面，在立法上让更多的主体参与进来。让公众和一些中介机构参与到贸易环境政策中来，首先能够提高广大民众的环保意识，使其对环境保护更加重视。其次，更多主体的参与，在贸易环境政策的制定上能够提供决策方面的支持，并且在执行过程中进行监督，能保证政策的实施。通过制定合理的贸易环保政策，提高环境保护法律在我国的地位，能够在贸易过程中减少产品和企业的污染，实现雾霾的综合治理。

参 考 文 献

［1］ Ancora M P, Lei Z, Wang S, et al. Meeting Minamata: Cost – effective compliance options for atmospheric mercury control in Chinese coal – fired power plants ［J］. Energy Policy, 2016, 88: 485 – 494.

［2］ Biglaiser G, Horowitz J K. Pollution regulation and incentives for pollution – control research ［J］. Journal of Economics & Management Strategy, 2010, 3（4）: 663 – 684.

［3］ Biglaiser G, Horowitz J K, Quiggin J. Dynamic pollution regulation ［J］. Journal of Regulatory Economics, 1995, 8（1）: 33 – 44.

［4］ Chang – Lin Y U, Gao H J. The effect of environmental regulation on environmental pollution in China——based on the hidden economy perspective ［J］. China Industrial Economics, 2015, 103（6）: 1877 – 1885.

［5］ Delgado M S, Neha K. Voluntary pollution abatement and regulation ［J］. Agricultural & Resource Economics Review, 2011, 44（01）: 1 – 20.

［6］ Dennis R L, Downton M W, Middleton P. Policy – making and the role of simplified models: an air quality planning example ［J］. Ecological Modelling, 1984, 25（1 – 3）: 1 – 30.

［7］ Dion C, Lanoie P, Laplante B. Monitoring of pollution regulation: Do local conditions matter ［J］. Journal of Regulatory Economics, 1998, 13（1）: 5 – 18.

［8］ Flatt V B. Gasping for breath: the administrative flaws of federal hazardous air pollution regulation and what we can learn from the states ［J］. Ecology Law Quarterly, 2007, 34（1）: 107 – 173.

［9］ Foulon J, Lanoie P, Laplante B. Incentives for pollution control: regulation or information? ［J］. Journal of Environmental Economics & Management, 2002, 44（1）: 169 – 187.

［10］ Ghil M. Theoretical advances in sequential data assimilation for the atmosphere and oceans ［J］. Emerging Markets Review, 2010, 11（4）: 373 – 389.

［11］ Giraudcarrier F C. Pollution regulation and production in imperfect markets

[J]. European Journal of Organic Chemistry, 2014, 2005 (11): 2239 - 2249.

[12] Gray W B, Deily M E. Compliance and enforcement: air pollution regulation in the U. S. steel industry [J]. Journal of Environmental Economics & Management, 1996, 31 (1): 96 - 111.

[13] Harrison R M, Jones A M, Lawrence R G. Major component composition of PM 10 and PM 2. 5, from roadside and urban background sites [J]. Atmospheric Environment, 2004, 38 (27): 4531 - 4538.

[14] Held D. Democracy: From city-states to a cosmopolitan order? [J]. Political Studies, 2010, 40 (s1): 10 - 39.

[15] Hu M, Slanina Z W, Lin P, et al. Acidic gases, ammonia and water - soluble ions in PM2. 5 at a coastal site in the Pearl River Delta, China [J]. Atmospheric Environment, 2008, 42 (25): 6310 - 6320.

[16] Jones D S. ASEAN and transboundary haze pollution in Southeast Asia [J]. Asia Europe Journal, 2006, 4 (3): 431 - 446.

[17] Kapsch M L, Graversen R G, Tjernström M. Springtime atmospheric energy transport and the control of Arctic summer sea - ice extent [J]. Nature Climate Change, 2013, 3 (8): 744 - 748.

[18] Kay S, Bo Z, Sui D. Can social media clear the air? A case study of the air pollution problem in Chinese cities [J]. Professional Geographer, 2015, 67 (3): 351 - 363.

[19] Mark Z, Jacobson. Atmospheric pollution—history, science, and regulation [J]. Physics Today, 2003, 56 (10): 65 - 66.

[20] Moloney C J, Chambliss W J. Slaughtering the bison, controlling native Americans: a state crime and green criminology synthesis [J]. Critical Criminology, 2014, 22 (3): 319 - 338.

[21] Muller N Z, Mendelsohn R. Efficient pollution regulation: getting the prices right [J]. American Economic Review, 2009, 99 (5): 1714 - 1739.

[22] Mushkat R. Creating regional environmental governance regimes: implications of Southeast Asian responses to transboundary haze pollution [J]. Diabetes Care, 2012, 36 (6): 1501 - 1506.

[23] Murdiyarso D, Lebel L, Gintings A N, et al. Policy responses to complex environmental problems: insights from a science - policy activity on trans-

boundary haze from vegetation fires in Southeast Asia. [J]. Agriculture Ecosystems & Environment, 2004, 104 (1): 47 – 56.

[24] Nadadur S S, Miller C A, Hopke P K, et al. The complexities of air pollution regulation: the need for an integrated research and regulatory perspective [J]. Toxicological Sciences, 2007, 100 (2): 318 – 327.

[25] Pfister R R. Permanent corneal edema resulting from the treatment of PTK corneal haze with mitomycin: a case report. [J]. Cornea, 2004, 23 (7): 744 – 747.

[26] Simila J. Pollution regulation and its effects on technological innovations [J]. Journal of Environmental Law, 2002, 14 (2): 143 – 160.

[27] Wang C, Hong J, Pan D, et al. A key study on spatial source distribution of PM2. 5 based on the airflow trajectory model [J]. International Journal of Remote Sensing, 2016, 37 (24): 5864 – 5883.

[28] Wang H, Mamingi N, Laplante B, et al. Incomplete enforcement of pollution regulation: bargaining power of Chinese factories [J]. Environmental & Resource Economics, 2003, 24 (3): 245 – 262.

[29] Wang Y, Zhuang G A, Yuan H, et al. The ion chemistry and the source of PM2. 5 aerosol in Beijing [J]. Atmospheric Environment, 2005, 39 (21): 3771 – 3784.

[30] Yang H, Yu J Z, Ho S H, et al. The chemical composition of inorganic and carbonaceous materials in PM 2. 5, in Nanjing, China [J]. Atmospheric Environment, 2005, 39 (20): 3735 – 3749.

[31] Zhang R, Jing J, Tao J, et al. Chemical characterization and source apportionment of PM2. 5 in Beijing: seasonal perspective [J]. Atmospheric Chemistry & Physics, 2013, 13 (14): 7053 – 7074.

[32] 柏必成. 政策变迁动力的理论分析 [J]. 学习论坛, 2010, 26 (09): 50 – 54.

[33] 白新宇. 协同治理视角下省域雾霾治理问题研究 [D]. 长春: 吉林大学, 2017.

[34] 蔡海亚, 徐盈之. 产业协同集聚、贸易开放与雾霾污染 [J]. 中国人口·资源与环境, 2018, 28 (06): 93 – 102.

[35] 蔡岚, 王达梅. 珠江三角洲地区雾霾联动治理的现状、困境及路径探析 [J]. 广东行政学院学报, 1 – 6.

[36] 曹军骥. 中国大气 PM2. 5 污染的主要成因与控制对策 [J]. 科技导

报，2016，34（20）：74－80.

[37] 曹凌燕. 城市空气污染治理的演化博弈分析 [J]. 统计与决策，2018，34（20）：59－63.

[38] 陈道远. 从雾霾天气看经济的外部性和公地的悲剧 [J]. 现代商业，2015（24）：88－89.

[39] 陈广仁，祝叶华. 城市空气污染的治理 [J]. 科技导报，2014，32（33）：15－22.

[40] 陈亮. 借鉴国际经验探析我国雾霾治理新路径 [J]. 环境保护，2015，43（05）：66－69.

[41] 陈弄祺，许瀛. 北京雾霾污染影响因素实证分析 [J]. 中国人口·资源与环境，2016，26（S2）：73－76.

[42] 陈诗一，王建民. 中国城市雾霾治理评价与政策路径研究：以长三角为例 [J]. 中国人口·资源与环境，2018，28（218）：74－83.

[43] 陈诗一，张云，武英涛. 区域雾霾联防联控治理的现实困境与政策优化——雾霾差异化成因视角下的方案改进 [J]. 中共中央党校学报，2018，22（06）：109－118.

[44] 陈伍香. 治理雾霾，切忌各自为政 [J]. 人民论坛，2016（31）：100－101.

[45] 陈旭，娄馨慧，秦蒙. 地理集聚、城市规模与雾霾污染——基于中国城市数据的实证研究 [J/OL]. 重庆大学学报（社会科学版），2019（06）：1－14

[46] 陈妍. 日本和韩国大气污染治理的主要经验 [J]. 中国经贸导刊，2014（07）：57－58.

[47] 陈艳楠，陈彦旭. 三门峡市40年来日照变化特征及成因分析 [J]. 河南科技，2013（22）：179－182.

[48] 陈优良，陶天慧，丁鹏. 长江三角洲城市群空气质量时空分布特征 [J]. 长江流域资源与环境，2017，26（05）：687－697.

[49] 陈哲. 能源价格政策对能源内部替代的影响研究 [D]. 湖南大学，2014.

[50] 程中华，刘军，李廉水. 产业结构调整与技术进步对雾霾减排的影响效应研究 [J]. 中国软科学，2019（01）：146－154.

[51] 初蕾. 京津冀区域雾霾的政府间协同治理研究 [D]. 长春：东北师范大学，2017.

[52] 褚兵. 应对雾霾　结构性减税该如何"发力" [J]. 特区经济，2013

（11）：108 – 109.

[53] 储梦然，李世祥. 我国雾霾治理的路径选择 ［J］. 安全与环境工程，2015，22（99）：26 – 31.

[54] 初钊鹏，卞晨，刘昌新，朱婧. 基于演化博弈的京津冀雾霾治理环境规制政策研究 ［J］. 中国人口·资源与环境，2018，28（12）：63 – 75.

[55] 邓世成，郭凌寒. 长江经济带城市化进程对雾霾污染的影响研究——基于空间面板模型的实证分析 ［J/OL］. 调研世界，2019（07）：1 – 9

[56] 董虹. 论贸易政策与环境政策之间的关系 ［D］. 北京：对外经济贸易大学，2002.

[57] 董战峰，董玮，田淑英，等. 我国环境污染第三方治理机制改革路线图 ［J］. 中国环境管理，2016，8（04）：52 – 59.

[58] 冯少荣，冯康巍. 基于统计分析方法的雾霾影响因素及治理措施 ［J］. 厦门大学学报（自然科学版），2015，54（01）：114 – 121.

[59] 付鹏. 新常态下城市雾霾治理的现实路径选择 ［J］. 管理世界，2018，34（12）：179 – 180.

[60] 杜兴萍. 新常态下环境监察执法的难点和重点分析 ［J］. 节能，2019（04）：171 – 172.

[61] 范厚明，李筱璇，刘益迎，牟向伟，赵昌平. 北极环境治理响应复杂网络演化博弈仿真研究 ［J］. 管理评论，2017，29（02）：26 – 34.

[62] 冯贵霞. 大气污染防治政策变迁与解释框架构建——基于政策网络的视角 ［J］. 中国行政管理，2014（09）：16 – 20 + 80.

[63] 傅月耀. 雾霾的外部性问题研究 ［J］. 现代经济信息，2016（02）：370.

[64] 高明，廖小萍. 大气污染治理政策的国际经验与借鉴 ［J］. 发展研究，2014（02）：103 – 107.

[65] 高燕宁. 财政政策视角下的北京市空气污染治理效率研究 ［D］. 呼和浩特：内蒙古大学，2016.

[66] 葛继红，郑智聪，杨森. 城市居民雾霾治理支付意愿及其影响因素研究——基于南京市民的调查数据 ［J］. 湖南农业大学学报（社会科学版），2016，17（6）：89 – 93.

[67] 辜登峰. 大气污染治理的财政政策研究 ［D］. 北京：中国财政科学研究院，2018.

[68] 顾鹏，杜建国，金帅. 基于演化博弈的环境监管与排污企业治理行

为研究［J］．环境科学与技术，2013，36（11）：186－192.

［69］顾雅文．产业结构调整在河南省城市雾霾治理中的作用研究［J］．甘肃科技，2018，34（20）：44－46.

［70］国家环境保护总局．2002 年中国环境状况公报［J］．环境保护，2002，5.

［71］国务院发展研究中心"京津冀天然气协同发展战略研究"课题组．低标柴油车排放对京津冀鲁豫雾霾形成的贡献水平与防治措施［J］．发展研究，2017（09）：17－20.

［72］韩博文．区域环境协同治理地方政府间合作演化博弈研究——以京津冀地区为例［J］．中国国际财经（中英文），2017（06）：31－32.

［73］韩晋雅，李倩．经济学视角下山西省雾霾的成因与对策分析［J］．华中师范大学研究生学报，2016，23（02）：146－151.

［74］韩志明，刘璎．京津冀地区公民参与雾霾治理的现状与对策［J］．天津行政学院学报，2016，18（05）：33－39＋2.

［75］郝铄．摸索中前行的日本大气污染治理［J］．科学新闻，2017（03）：54－56.

［76］何为，温丹辉，孙振清．大气环境治理演化博弈分析［J］．城市发展研究，2016，23（01）：1－4.

［77］洪凯，朱珺．发展新能源汽车产业的价格政策研究［J］．发展改革理论与实践，2010（10）：11－14.

［78］胡名威．雾霾的经济学分析［J］．经济研究导刊，2013（16）：13－15.

［79］胡秋灵，刘伟奇．区域大气污染外部性量化及结算机制设计——以宁夏为例［J］．宁夏大学学报（自然科学版），2019，40（01）：90－96.

［80］贾尚晖，石丽红．雾霾的溢出水平测定与治污资金分配研究——来自京津冀的证据［J］．经济研究参考，2018（32）：49－55＋63.

［81］江晨光．绿色金融促进产业结构调整研究［D］．南昌：南昌大学，2011.

［82］揭武．大气污染对雾霾形成影响的初步探讨［J］．湖北环境保护，1982（Z1）：53－56.

［83］黄怡民，刘子锐，温天雪，高文康．北京雾霾天气下气溶胶中水溶性无机盐粒径分布［J］．安全与环境学报，2013，13（04）：117－121.

［84］蒋峰，赵彩霞．日本治理大气污染公害事件的经验与启示［J］．黑龙江科技信息，2016（24）：32．

［85］康微婧，马利云．绿色金融支持我国雾霾防治的研究［J］．财会学习，2017（5）：196 – 197．

［86］康雨．贸易开放程度对雾霾的影响分析——基于中国省级面板数据的空间计量研究［J］．经济科学，2016（01）：114 – 125．

［87］邝建新．广州市区雾霾与大气污染［J］．广东气象，1994（03）：30 – 31．

［88］李会霞，史兴民．西安市 PM2.5 时空分布特征及气象成因［J］．生态环境学报，2016，25（02）：266 – 271．

［89］李伟娜．中国城市雾霾治理的内在机理与路径选择研究［J］．理论探讨，2016（01）：162 – 165．

［90］李新慧．基于低碳消费视角的京津冀雾霾治理［J］．石家庄铁道大学学报（社会科学版），2015，9（04）：6 – 9 + 16．

［91］李永亮．“新常态”视阈下府际协同治理雾霾的困境与出路［J］．中国行政管理，2015，No.363，34 – 38．

［92］李智江，唐德才．北京雾霾治理措施对比分析——基于系统动力学仿真预测［J］．科技管理研究，2018，38（20）：253 – 261．

［93］刘德军．雾霾天气防治的路径与对策建议［J］．宏观经济管理，2014（01）：36 – 38．

［94］刘华军，雷名雨．中国雾霾污染区域协同治理困境及其破解思路［J］．中国人口·资源与环境，2018，28（10）：88 – 95．

［95］刘朔涛．环境治理的财政政策研究［D］．武汉：中南财经政法大学，2018．

［96］刘曦彤．如何发挥产业转移的雾霾治理效应？——基于长三角地区的实证研究［J］．科学决策，2018（3）：83 – 94．

［97］刘易平．关于雾霾影响下大气治理产业发展问题与对策研究［J］．工程建设与设计，2018（4）：145 – 146．

［98］林珊．雾霾治理的经济学分析：原因及建议［J］．全国流通经济，2017（08）：92．

［99］刘晓红，江可申．城镇化进程中我国经济增长、贸易开放、第三产业与雾霾——基于省际面板数据的实证［J］．金融与经济，2017（03）：20 – 25．

［100］刘兴瑞，马嫣，崔芬萍，王振，王利朋．南京北郊一次重污染事件

期间 PM2.5 理化特性及其对大气消光的影响 [J]. 环境化学，2016，35（06）：1164 - 1171.

[101] 罗建，邓巍. 排污权交易制度的外部性理论分析 [J]. 商业文化（下半月），2011（04）：328 - 329.

[102] 骆苗，毛寿龙. 理解政策变迁过程：三重路径的分析 [J]. 天津行政学院学报，2017，19（02）：58 - 65.

[103] 马国顺，任荣. 环境污染治理的演化博弈分析 [J]. 西北师范大学学报（自然科学版），2015，51（02）：19 - 23.

[104] 马国顺，赵倩. 雾霾现象产生及治理的演化博弈分析 [J]. 生态经济，2014，30（08）：169 - 172.

[105] 马翔，张国兴. 基于非对称演化博弈的京冀雾霾协同治理联盟稳定性分析 [J]. 运筹与管理，2017，26（05）：45 - 52.

[106] 马晓倩，刘征，赵旭阳，田立慧，王通. 京津冀雾霾时空分布特征及其相关性研究 [J]. 地域研究与开发，2016，35（02）：134 - 138.

[107] 毛克贞，吴一丁，刘婷. 我国工业规模结构变动对环境影响的分析 [J]. 经济问题探索，2014（01）：67 - 71.

[108] 蒙仁君. 基于负外部性视角的南宁市雾霾治理研究 [J]. 广西职业技术学院学报，2015，8（03）：9 - 13 + 24.

[109] 穆泉，张世秋. 2013 年 1 月中国大面积雾霾事件直接社会经济损失评估 [J]. 中国环境科学，2013，33（11）：2087 - 2094.

[110] 牛晓清. 促进我国雾霾防治的财税政策研究 [D]. 合肥：安徽财经大学，2017.

[111] 潘慧峰，王鑫，张书宇. 重雾霾污染的溢出效应研究——来自京津冀地区的证据 [J]. 科学决策，2015（02）：1 - 15.

[112] 潘慧峰，王鑫，张书宇. 雾霾污染的持续性及空间溢出效应分析——来自京津冀地区的证据 [J]. 中国软科学，2015（12）：134 - 143.

[113] 裴桂芬，商伟. 雾霾治理的国际经验借鉴及启示 [J]. 对外经贸实务，2017（08）：17 - 20.

[114] 朴成敦，刘国军，龙凤，等. 韩国的大气污染现状及管理政策 [J]. 环境科学与技术，2013，36（S1）：382 - 385.

[115] 钱峻屏，黄菲，黄子眉，王国复，彭龙军，张虹鸥. 汕尾市雾霾天气的能见度多时间尺度特征分析 [J]. 热带地理，2006（04）：

308 - 313.

[116] 钱峻屏，黄菲，杜鹃，王国复，金爱芬，彭龙军. 广东省雾霾天气能见度的时空特征分析 I：季节变化 [J]. 生态环境，2006（06）：1324 - 1330.

[117] 乔俊娜. 支持大气污染治理的财政政策研究 [D]. 大连：东北财经大学，2017.

[118] 全国环境保护工作纲要（1993—1998）[J]. 环境保护，1994（03）：6 - 10 + 28.

[119] 邵帅，李欣，曹建华，杨莉莉. 中国雾霾污染治理的经济政策选择——基于空间溢出效应的视角 [J]. 经济研究，2016，51（09）：73 - 88.

[120] 史燕平，刘玻君，厉玥. 京津冀地区雾霾污染的溢出效应分析 [J]. 经济与管理，2017，31（04）：20 - 26.

[121] 宋凯艺，卞元超. 金融开放是否加剧了雾霾污染 [J]. 山西财经大学学报，2019，41（03）：45 - 59.

[122] 孙春媛，李令军，赵文吉，赵佳茵. 基于小波变换的北京市 PM2.5 时空分布特征及成因分析 [J]. 生态环境学报，2016，25（08）：1343 - 1350.

[123] 孙方舟. 日本治理大气雾霾的经验及借鉴 [J]. 黑龙江金融，2017（09）：56 - 58.

[124] 孙红霞，李森. 大气雾霾与煤炭消费、环境税收的空间耦合关系——以全国 31 个省市地区为例 [J]. 经济问题探索，2018（01）：155 - 166.

[125] 孙宇. 绿色信贷在雾霾治理中的应用研究 [D]. 对外经济贸易大学，2016.

[126] 孙玉霞. 消费税对污染负外部性的矫正 [J]. 税务研究，2016（06）：44 - 45.

[127] 谭莹雪. 环境监察执法问题及完善策略研究 [J]. 资源节约与环保，2019（03）：122.

[128] 唐登莉，李力，洪雪飞. 能源消费对中国雾霾污染的空间溢出效应——基于静态与动态空间面板数据模型的实证研究 [J]. 系统工程理论与实践，2017，37（07）：1697 - 1708.

[129] 陶建格，薛惠锋，韩建新，张朝阳，刘春江. 环境治理博弈复杂性与演化均衡稳定性分析 [J]. 环境科学与技术，2009，32（07）：

89 – 93.

[130] 田孟，王毅凌．工业结构、能源消耗与雾霾主要成分的关联性——以北京为例［J］．经济问题，2018（07）：50 – 58.

[131] 涂承文．完善我国环境税制度的政策研究——以江西宜春为例［D］．江西财经大学，2017.

[132] 万方．绿色消费偏好形成的理性过程及其对外部性问题的纠正——基于环境标志制度的分析［J］．消费经济，2010，26（06）：90 – 93.

[133] 王春梅，叶春明．长三角地区重雾霾污染的溢出效应［J］．城市环境与城市生态，2016，29（04）：7 – 11.

[134] 王红梅，王振杰．环境治理政策工具比较和选择——以北京 PM2.5 治理为例［J］．中国行政管理，2016（08）：126 – 131.

[135] 王欢明，陈洋愉，李鹏．基于演化博弈理论的雾霾治理中政府环境规制策略研究［J］．环境科学研究，2017，30（04）：621 – 627.

[136] 王惠琴，何怡平．雾霾治理中公众参与的影响因素与路径优化［J］．重庆社会科学，2014（12）：42 – 47.

[137] 王江，刘莎莎．金融发展、城镇化与雾霾污染——基于西北 5 省区的空间计量分析［J］．工业技术经济，2019，38（02）：77 – 86.

[138] 王静，施润和，李龙，张璐．上海市一次重雾霾过程的天气特征及成因分析［J］．环境科学学报，2015，35（05）：1537 – 1546.

[139] 王俊，陈柳钦．我国能源消费结构转型与大气污染治理对策［J］．经济研究参考，2014（50）：32 – 39.

[140] 王洛忠，丁颖．京津冀雾霾合作治理困境及其解决途径［J］．中共中央党校学报，2016，20（99）：76 – 81.

[141] 王润清．雾霾天气气象学定义及预防措施［J］．现代农业科技，2012（07）：44.

[142] 王少毅，曾燕君，琚鸿，王新明．广州地区秋冬季细颗粒物 PM2.5 化学组分分析［J］．环境监测管理与技术，2013，25（04）：9 – 12.

[143] 王诗文．德国鲁尔区大气污染治理的法律规制对中国京津冀区域化治理的借鉴：中国法学会环境资源法学研究会第二次会员代表大会暨 2017 年年会（全国环境资源法学研讨会）［C］．中国河北保定，2017.

[144] 王树强，孟娣．雾霾空间溢出背景下产业转型的环境效应研究——基于京津冀及周边 31 个城市的实证分析［J］．生态经济，2019，35（01）：144 – 149.

［145］王文婷. 我国防治大气污染的公共政策演进［J］. 治理现代化研究，2018（02）：83 - 88.

［146］王先甲，夏可. 愿景驱动、演化博弈与环境污染治理进路［J］. 江汉论坛，2018（07）：37 - 43.

［147］王雪青，巨欣，冯博. 我国雾霾主要前驱物排放绩效省际差异分析［J］. 干旱区资源与环境，2016，30（04）：190 - 196.

［148］王一辰，沈映春. 京津冀雾霾空间关联特征及其影响因素溢出效应分析［J］. 中国人口·资源与环境，2017，27（S1）：41 - 44.

［149］王颖，杨利花. 跨界治理与雾霾治理转型研究——以京津冀区域为例［J］. 东北大学学报（社会科学版），2016，18（04）：388 - 393.

［150］王育宝，陆扬. 财政分权背景下中国环境治理体系演化博弈研究［J］. 中国人口·资源与环境，2019，29（06）：107 - 117.

［151］王玉君，韩冬临. 空气质量、环境污染感知与地方政府环境治理评价［J］. 中国软科学，2019（08）：41 - 51.

［152］王越. 英国空气污染防治演变研究（1921—1997）［D］. 西安：陕西师范大学，2018.

［153］王子强，杨朝飞. 中国环境年鉴. 排放大气污染物许可证制度试点工作［M］. 北京：中国环境出版社，1991.

［154］文龙. 中部农村地区雾霾污染治理的农户支付意愿与影响因素研究——基于安徽省的实际调查［J］. 生态经济（中文版），2017，33（3）：148 - 154.

［155］温维，韩力慧，陈旭峰，程水源，张永林. 唐山市 PM2.5 理化特征及来源解析［J］. 安全与环境学报，2015，15（02）：313 - 318.

［156］伍端平. 辨认轻雾、霾与浮尘的体会［J］. 气象，1976（04）：23.

［157］吴博. 雾霾协同治理的府际合作研究：以"京津冀"及"珠三角"为例［D］. 武汉：华中师范大学，2014.

［158］吴景城. 论《大气污染防治法》［J］. 环境研究与监测，1988（02）：10 - 15.

［159］吴庆梅，张胜军. 一次雾霾天气过程的污染影响因子分析［J］. 气象与环境科学，2010，33（01）：12 - 16.

［160］辛悦，李学迁. 长三角地区贸易开放度与雾霾污染的关系研究［J］. 生态经济，2019，35（06）：145 - 149.

［161］熊欢欢，阮涵淇. 雾霾天气治理的生态文明建设路径选择［J］. 企

业经济，2016（08）：16 – 20.

[162] 徐丹. 我国环境保护的财税政策研究 [D]. 合肥：安徽大学，2018.

[163] 许军涛，吴慧之. 城市雾霾危机治理的现实困境与路径探索 [J]. 理论视野，2015（05）：82 – 84.

[164] 徐莉婷，叶春明. 基于演化博弈论的雾霾协同治理三方博弈研究 [J]. 生态经济，2018，34（12）：148 – 152.

[165] 杨奔. 我国雾霾防治的金融政策研究 [J]. 经济纵横，2015，361（12）：91 – 94.

[166] 杨奔，黄洁. 经济学视域下京津冀地区雾霾成因及对策 [J]. 经济纵横，2016（04）：54 – 57.

[167] 杨代福. 西方政策变迁研究：三十年回顾 [J]. 国家行政学院学报，2007（4）：104 – 108.

[168] 杨娟. 英国政府大气污染治理的历程、经验和启示 [D]. 天津：天津师范大学，2015.

[169] 杨志安，王金翎. 新常态下财税政策支持节能环保产业发展研究 [J]. 云南社会科学，2016（02）：71 – 74 + 79.

[170] 殷丽萍. 开展 PM2.5 监测对昆明市环境空气质量影响的探讨 [J]. 环境科学导刊，2013，32（03）：128 – 130.

[171] 尹伟华. 2018 年能源消费形势分析与 2019 年展望 [J]. 中国物价，2019（02）：9 – 12.

[172] 尹晓玉. 我国雾霾治理存在的问题及对策研究 [D]. 南充：西华师范大学，2017.

[173] 喻刚. 中国贸易政策与环境政策的协调研究 [D]. 昆明：云南财经大学，2009.

[174] 于冠一，修春亮. 辽宁省城市化进程对雾霾污染的影响和溢出效应 [J]. 经济地理，2018，38（04）：100 – 108 + 122.

[175] 于兴娜，李新妹，登增然登，德庆央宗，袁帅. 北京雾霾天气期间气溶胶光学特性 [J]. 环境科学，2012，33（04）：1057 – 1062.

[176] 袁华萍. 财政分权下的地方政府环境污染治理研究 [D]. 北京：首都经济贸易大学，2016.

[177] 岳玎利，钟流举，张涛，沈劲，周炎，曾立民，董华斌. 珠三角地区大气 PM2.5 理化特性季节规律与成因 [J]. 环境污染与防治，2015，37（04）：1 – 6，12.

［178］岳利萍，马瑞光．基于排放权核算的雾霾治理创新［J］.人文杂志，2016（240）：42－49.

［179］张婧怡．北京雾霾的季节特点及成因分析［J］.当代化工研究，2018（08）：29－31.

［180］张墨，王璐，王军锋．基于匹配倍差法的排污权交易制度实施效果研究［J］.干旱区资源与环境，2017，31（11）：26－32.

［181］张秀芳．中国共产党绿色发展思想的演进历程［J］.中共太原市委党校学报，2017（02）：78－80.

［182］张有贤，郑玉祥，王丹璐．兰州市 PM2.5 无机化学组分特征及来源解析［J］.干旱区资源与环境，2017，31（08）：101－107.

［183］张玉，赵玉，穆璐璐．气态前体物对城市雾霾的影响及治理对策研究［J］.生态经济，2018，34（11）：194－197.

［184］张云辉，韩雨萌．人口因素对雾霾污染的影响——基于省级面板数据的实证分析［J］.调研世界，2018（01）：9－16.

［185］张运英，黄菲，杜鹃，王国复，钱峻屏．广东雾霾天气能见度时空特征分析——年际年代际变化［J］.热带地理，2009，29（04）：324－328.

［186］赵洪宇，阮海卫，史晨雪，高戈武，闫晨光，舒新前．北京市 PM2.5 理化特性及燃煤对大气污染的研究进展［J］.环境工程，2015，33（12）：63－68.

［187］赵吉林，赵佳，薛飞．雾霾污染、能源消费与经济增长：政策回顾与实证研究［J］.消费经济，2018，34（03）：3－11.

［188］赵敏．应对城镇化进程中大气污染的财政政策研究［D］.贵阳：贵州财经大学，2017.

［189］赵娜，尹志聪，吴方．北京一次持续性雾霾的特征及成因分析［J］.气象与环境学报，2014，30（05）：15－20.

［190］赵玉，徐鸿，邹晓明．环境污染与治理的空间效应研究［J］.干旱区资源与环境，2015，29（07）：170－175.

［191］赵忠龙．环境税收的产业功能与规制效应分析［J］.暨南学报（哲学社会科学版），2017，39（01）：96－105＋131－132.

［192］中华人民共和国大气污染防治法——1987 年 9 月 5 日第六届全国人民代表大会常务委员会第二十二次会议通过［J］.环境科学技术，1988（02）：1－4.

［193］中华人民共和国环境保护法（试行）［J］.环境保护，1979（05）：

1 - 4.

[194] 周林. 产业结构调整的污染减排财税金融政策研究 [D]. 长沙：湖南科技大学，2014.

[195] 周景坤，黄洁. 国外雾霾防治财政政策及启示 [J]. 经济纵横，2015 (6)：66 - 69.

[196] 周景坤，黎雅婷. 国外雾霾防治金融政策举措及启示 [J]. 经济纵横，2016，367 (6)：115 - 119.

[197] 周涛，汝小龙. 北京市雾霾天气成因及治理措施研究 [J]. 华北电力大学学报 (社会科学版)，2012 (02)：12 - 16.

[198] 周衍冰. 德国持之以恒治理大气污染 [J]. 政策瞭望，2015 (06)：51 - 52.

[199] 总理为大气污染防治打气　百亿专项资金下拨 11 省份 [N]. 每日经济新闻，2015 - 07 - 21：04.

[200] 朱兆伟，王君玺. 经济学视角下的雾霾成因及其治理探析 [J]. 经济论坛，2018 (03)：149 - 151.

附　　录

附录1　表3-1样本地区和相关城市名单

地区	省份	城市
京津冀及周边	北京	北京
	天津	天津
	河北	石家庄、唐山、秦皇岛、邯郸、邢台、保定、张家口、承德、沧州、廊坊、衡水
	山西	太原、大同、朔州、忻州、阳泉、长治、晋城
	山东	济南、青岛、淄博、枣庄、东营、潍坊、济宁、泰安、日照、临沂、德州、聊城、滨州、菏泽
	河南	郑州、开封、平顶山、安阳、鹤壁、新乡、焦作、濮阳、许昌、漯河、南阳、商丘、信阳、周口、驻马店市
	内蒙古	呼和浩特、包头
	辽宁	朝阳、锦州、葫芦岛
长三角地	上海	上海
	江苏	南京、无锡、徐州、常州、苏州、南通、连云港、淮安、盐城、扬州、镇江、泰州、宿迁
	浙江	杭州、宁波、温州、绍兴、湖州、嘉兴、金华、衢州、台州、丽水、舟山
	安徽	合肥、芜湖、蚌埠、淮南、马鞍山、淮北、铜陵、安庆、黄山、阜阳、宿州、滁州、六安、宣城、池州、亳州

续表

地区	省份	城市
汾渭平原	山西	吕梁、晋中、临汾、运城
	河南	洛阳、三门峡
	陕西	西安、咸阳、宝鸡、铜川、渭南
成渝地区	重庆	重庆
	四川	成都、自贡、泸州、德阳、绵阳、遂宁、内江、乐山、眉山、宜宾、雅安、资阳、南充、广安、达州
长江中游城市群	湖北	武汉、咸宁、孝感、黄冈、黄石、鄂州、襄阳、宜昌、荆门、荆州、随州
	江西	南昌、萍乡、新余、宜春、九江
	湖南	长沙、株洲、湘潭、岳阳、常德、益阳
珠三角区域	广东	广州、深圳、珠海、佛山、江门、肇庆、惠州、东莞、中山
其他省会城市和计划单列市	辽宁、吉林、黑龙江、福建、广西、海南、贵州、云南、西藏、甘肃、青海、宁夏、新疆	沈阳、大连、长春、哈尔滨、福州、厦门、南宁、海口、贵阳、昆明、拉萨、兰州、西宁、银川、乌鲁木齐

注：168 个城市包括京津冀及周边地区 54 个城市、长三角地区 41 个城市、汾渭平原 11 个城市、成渝地区 16 个城市、长江中游城市群 22 个城市、珠三角区域 9 个城市，以及其他省会城市和计划单列市 15 个城市。

附录2　第3章使用的程序代码

全局 Moran 指数 Matlab 计算程序

```
function[I,z,p] = moran_g(longitude,latitude,x)
[w1,w,w2] = xy2cont(longitude,latitude);
w_sum = full(sum(sum(w)));% full 将稀疏矩阵转化为一般矩阵
S = std(x);% 计算 x 序列的标准差
x_bar = mean(x);
n = length(x);
% for i = 1:n
```

```
% for j =1:n
% fenmu(i,j) =w(i,j)* (x(i) -x_bar)* (x(j) -x_bar);
% end
% end
% FM =full(sum(sum(fenmu)));
        FM =(x -x_bar)'* w* (x -x_bar);
        I =FM/((S^2)* w_sum);% 计算 moran 值
% 计算期望值
EI = -1/(n -1);
% boostrap 方法计算方差
for i =1:100
a =randsample(168,30);
% 整块抽样
[w1_boot,w_boot,w2_boot] =xy2cont(longitude(a),lati-
tude(a));
w_sum_boot =full(sum(sum(w_boot)));
x_boot =x(a);
S_boot =std(x_boot);
x_boot_bar =mean(x_boot);
FM_boot =(x_boot -x_boot_bar)'* w_boot* (x_boot -x_boot_
bar);
I_boot(i,1) =FM_boot/((S_boot^2)* w_sum_boot);
end
s_boot =std(I_boot);
z =(I -EI)/s_boot;
p =1 -normcdf(z);
局部 Moran 指数 Matlab 计算程序
function[I,EI,SI,z,p] =moran_l(longtitude,latitude,x)
[l1,w,l2] =xy2cont(longtitude,latitude);
x_bar =mean(x);
x_t =x -x_bar;
n =length(x);
s =std(x);
k =kurtosis(x);
```

```
b2 = k/( s^4 );
E = full( sum( w,2 ));
for i = 1:n
    I(i) =(x_t(i)* (w(i,:)* x_t))/(s^2);
    EI(i) = -E(i)/(n-1);
    w2 = full(w(i,:)* w(i,:)') - full(w(i,i)^2);
    w_2 = E(i)^2;
    H = w(i,:)'* w(i,:);
    H(i,:) =[];
    H(:,i) =[];
whk = full( sum( sum( H )));
    DI = w2* (n-b2)/(n-1) + whk* (2* b2 -n)/((n-1)*
(n-2)) -w_2/(n-1)^2;
    SI(i) = sqrt(DI);
    z(i) =(I(i) -EI(i))/SI(i);
    p(i) =1 - normcdf( abs( z(i)));
end
```

附录 3 原始数据

附表 3-1 样本地区 2004—2017 定基 CPI 指数

（1998CPI 指数=100）

地区	2004年	2005年	2006年	2007年	2008年	2009年	2010年	2011年	2012年	2013年	2014年	2015年	2016年	2017年	2018年
北京市	106.7	108.3	109.3	111.9	117.6	115.8	118.6	125.2	129.4	133.6	135.8	138.2	140.2	142.8	146.4
天津市	102.6	104.1	105.7	110.1	116.1	114.9	118.9	124.8	128.1	132.1	134.6	136.9	139.8	142.7	145.6
河北省	103.7	105.6	107.4	112.4	119.4	118.6	122.2	129.2	132.6	136.6	138.9	140.1	142.2	144.6	148.1
山西省	107.7	110.2	112.4	117.5	126	125.5	129.3	136	139.4	143.7	146.2	147	148.7	150.3	153
内蒙古	107.2	109.7	111.4	116.5	123.2	122.8	126.7	133.8	138	142.4	144.6	146.2	148	150.5	153.2
辽宁省	102.5	104	105.2	110.6	115.7	115.7	119.1	125.3	128.9	131.9	134.2	136.1	138.2	140.2	143.7
吉林省	102.6	104.1	105.6	111.2	116.9	117	121.3	127.6	130.8	134.6	137.3	139.6	141.9	144.1	147.2
黑龙江	99.8	101	102.9	108.2	114.3	114.5	119	125.9	129.9	132.8	134.7	136.2	138.3	140.1	142.9
上海市	107	108	109.3	112.8	119.4	118.9	122.6	129	132.6	135.6	139.3	142.6	147.2	149.7	152.1
江苏省	103.9	106.1	107.7	112.4	118.5	118	122.5	129	132.3	135.3	138.3	140.7	143.9	146.4	149.7
浙江省	104.5	105.8	107	111.5	117.1	115.3	119.7	126.2	128.9	131.9	134.7	136.6	139.2	142.1	145.4
安徽省	104.1	105.6	106.9	112.5	119.5	118.4	122.1	128.9	131.9	135.1	137.2	139	141.5	143.2	146.1
福建省	104.2	106.5	107.3	112.9	118.1	116	119.7	126	129	132.3	134.9	137.2	139.5	141.2	143.3
江西省	102.8	104.5	105.8	110.8	117.5	116.7	120.2	126.4	129.8	133.1	136.1	138.2	140.9	143.8	146.8

续表

地区	2004年	2005年	2006年	2007年	2008年	2009年	2010年	2011年	2012年	2013年	2014年	2015年	2016年	2017年	2018年
山东省	105.3	107.1	108.2	113	119	119	122.4	128.5	131.2	134.1	136.7	138.3	141.2	143.3	146.9
河南省	103.8	105.9	107.3	113.1	121	120.3	124.5	131.5	134.8	138.7	141.3	143.2	145.9	147.9	151.3
湖北省	103.7	106.7	108.4	113.6	120.8	120.3	123.8	131	134.8	138.5	141.3	143.4	146.6	148.8	151.6
湖南省	108.1	110.6	112.2	118.5	125.6	125.1	128.9	136	138.8	142.2	144.9	147	149.8	151.8	154.9
广东省	101	103.3	105.2	109.1	115.2	112.6	116	122.2	125.6	128.8	131.7	133.7	136.8	138.8	141.9
广　西	102.5	105	106.3	112.8	121.6	119.1	122.6	129.9	134	137	139.8	141.9	144.2	146.5	149.9
海南省	101.8	103.3	104.9	110.2	117.8	117	122.6	130.1	134.3	138	141.3	142.7	146.7	150.8	154.6
重庆市	101.5	102.3	104.7	109.7	115.8	113.9	117.6	123.8	127	130.5	132.8	134.5	137	138.3	141.1
四川省	107.1	108.9	111.4	118	124	125	129	135.8	139.2	143.1	145.4	147.6	150.4	152.5	155.1
贵州省	104.7	105.7	107.5	114.4	123.1	121.5	125	131.4	135	138.3	141.7	144.2	146.2	147.5	150.2
云南省	103.6	105	107	113.3	119.8	120.3	124.7	130.8	134.3	138.5	141.8	144.5	146.7	148	150.4
陕西省	101.9	103.1	104.7	110.1	117.2	117.8	122.5	129.5	133.1	137.1	139.3	140.7	142.5	144.8	147.8
甘肃省	104.5	106.2	107.6	113.2	122.5	124.1	129.2	136.8	140.5	145	148	150.4	152.3	154.5	157.6
青海省	109.4	110.3	112	119.5	131.6	135	142.3	151	155.7	161.7	166.3	170.6	173.7	176.3	180.7
宁　夏	104.7	106.3	108.3	114.2	124	124.8	129.9	138.1	140.9	145.7	148.5	150.1	152.3	154.8	158.3
新　疆	103.2	103.9	105.3	111.1	120.1	120.9	126.1	133.5	138.6	144	147	147.9	150	153.3	156.4

附表 3 - 2　样本地区 2008—2017 年二氧化硫排放量

万吨

地区	2004年	2005年	2006年	2007年	2008年	2009年	2010年	2011年	2012年	2013年	2014年	2015年	2016年	2017年
北京市	19.1	19.0	17.6	15.2	12.3	11.9	11.5	9.8	9.4	8.7	7.9	7.1	3.3	2.0
天津市	22.7	26.5	25.5	24.5	24.0	23.7	23.5	23.1	22.5	21.7	20.9	18.6	7.1	5.6
河北省	142.8	149.5	154.5	149.2	134.5	125.3	123.4	141.2	134.1	128.5	119.0	110.8	78.9	60.2
山西省	141.5	151.6	147.8	138.7	130.8	126.8	124.9	139.9	130.2	125.5	120.8	112.1	68.6	57.3
内蒙古	117.9	145.6	155.7	145.6	143.1	139.9	139.4	140.9	138.5	135.9	131.2	123.1	62.6	54.6
辽宁省	83.1	119.7	125.9	123.4	113.1	105.1	102.2	112.6	105.9	102.7	99.5	96.9	50.8	39.0
吉林省	28.5	38.3	40.9	39.9	37.8	36.3	35.6	41.3	40.3	38.1	37.2	36.3	18.8	16.6
黑龙江	37.3	50.8	51.8	51.5	50.6	49.0	49.0	52.2	51.4	48.9	47.2	45.6	33.8	29.4
上海市	47.4	51.3	50.8	49.8	44.6	37.9	35.8	24.0	22.8	21.6	18.8	17.1	7.4	1.9
江苏省	124.0	137.3	130.4	121.8	113.0	107.4	105.0	105.4	99.2	94.2	90.5	83.5	57.0	41.1
浙江省	81.4	86.0	85.9	79.7	74.1	70.1	67.8	66.2	62.6	59.3	57.4	53.8	26.8	19.0
安徽省	49.0	57.1	58.4	57.2	55.6	53.8	53.2	52.9	52.0	50.1	49.3	48.0	28.2	23.5
福建省	32.6	46.1	46.9	44.6	42.9	42.0	40.9	38.9	37.1	36.1	35.6	33.8	18.9	13.4
江西省	51.9	61.3	63.4	62.1	58.3	56.4	55.7	58.4	56.8	55.8	53.4	52.8	27.7	21.5
山东省	182.1	200.2	196.2	182.2	169.2	159.0	153.8	182.7	174.9	164.5	159.0	152.6	113.5	73.9
河南省	125.6	162.4	162.4	156.4	145.2	135.5	133.9	137.1	127.6	125.4	119.8	114.4	41.4	28.6
湖北省	69.2	71.8	76.0	70.8	67.0	64.4	63.3	66.6	62.2	59.9	58.4	55.1	28.6	22.0

续表

地区	2004年	2005年	2006年	2007年	2008年	2009年	2010年	2011年	2012年	2013年	2014年	2015年	2016年	2017年
湖南省	87.3	91.9	93.4	90.4	84.0	81.2	80.1	68.6	64.5	64.1	62.4	59.5	34.7	21.5
广东省	114.8	129.4	126.7	120.3	113.6	107.0	105.1	84.8	79.9	76.2	73.0	67.8	35.4	27.7
广 西	94.4	102.4	99.4	97.4	92.5	89.0	90.4	52.1	50.4	47.2	46.7	42.1	20.1	17.7
海南省	2.3	2.2	2.4	2.6	2.2	2.2	2.9	3.3	3.4	3.2	3.3	3.2	1.7	1.4
重庆市	79.5	83.7	86.0	82.6	78.2	74.6	71.9	58.7	56.5	54.8	52.7	49.6	28.8	25.3
四川省	126.5	130.0	128.1	117.9	114.8	113.5	113.1	90.2	86.4	81.7	79.6	71.8	48.8	38.9
贵州省	131.5	135.8	146.5	137.5	123.6	117.5	114.9	110.4	104.1	98.6	92.6	85.3	64.7	68.7
云南省	47.8	52.2	55.1	53.4	50.2	49.9	50.1	69.1	67.2	66.3	63.7	58.4	52.6	38.4
陕西省	81.8	92.2	98.1	92.7	88.9	80.4	77.9	91.7	84.4	80.6	78.1	73.5	31.8	27.9
甘肃省	48.4	56.3	54.6	52.3	50.2	50.0	55.2	62.4	57.2	56.2	57.6	57.1	27.2	25.9
青海省	7.3	12.4	13.0	13.4	13.5	13.6	14.3	15.7	15.4	15.7	15.4	15.1	11.4	9.2
宁 夏	29.3	34.2	38.3	37.0	34.8	31.4	31.1	41.0	40.7	39.0	37.7	35.8	23.7	20.8
新 疆	48.1	51.9	54.9	58.0	58.5	59.0	58.8	76.3	79.6	82.9	85.3	77.8	48.1	41.8

附表 3 - 3 样本地区 2004—2017 年名义 GDP

亿元

地区	2004 年	2005 年	2006 年	2007 年	2008 年	2009 年	2010 年	2011 年	2012 年	2013 年	2014 年	2015 年	2016 年	2017 年
北京市	6033.2	6969.5	8117.8	9846.8	11115.0	12153.0	14113.6	16251.9	17879.4	19800.8	21330.8	23014.6	25669.1	28014.9
天津市	3111.0	3905.6	4462.7	5252.8	6719.0	7521.9	9224.5	11307.3	12893.9	14442.0	15726.9	16538.2	17885.4	18549.2
河北省	8477.6	10012.1	11467.6	13607.3	16012.0	17235.5	20394.3	24515.8	26575.0	28443.0	29421.2	29806.1	32070.5	34016.3
山西省	3571.4	4230.5	4878.6	6024.5	7315.4	7358.3	9200.9	11237.6	12112.8	12665.3	12761.5	12766.5	13050.4	15528.4
内蒙古	3041.1	3905.0	4944.3	6423.2	8496.2	9740.3	11672.0	14359.9	15880.6	16916.5	17770.0	17831.5	18128.1	16096.2
辽宁省	6672.0	8047.3	9304.5	11164.3	13668.6	15212.5	18457.3	22226.7	24846.4	27213.2	28626.6	28669.0	22246.9	23409.2
吉林省	3122.0	3620.3	4275.1	5284.7	6426.1	7278.8	8667.6	10568.8	11939.2	13046.4	13803.1	14063.1	14776.8	14944.5
黑龙江	4750.6	5513.7	6211.8	7104.0	8314.4	8587.0	10368.6	12582.0	13691.6	14454.9	15039.4	15083.7	15386.1	15902.7
上海市	8072.8	9247.7	10572.2	12494.0	14069.9	15046.5	17166.0	19195.7	20181.7	21818.2	23567.7	25123.5	28178.7	30633.0
江苏省	15003.6	18598.7	21742.1	26018.5	30982.0	34457.3	41425.5	49110.3	54058.2	59753.4	65088.3	70116.4	77388.3	85869.8
浙江省	11648.7	13417.7	15718.5	18753.7	21462.7	22990.4	27722.3	32318.9	34665.3	37756.6	40173.0	42886.5	47251.4	51768.3
安徽省	4759.3	5350.2	6112.5	7360.9	8851.7	10062.8	12359.3	15300.7	17212.1	19229.3	20848.8	22005.6	24407.6	27018.0
福建省	5763.4	6554.7	7583.9	9248.5	10823.0	12236.5	14737.1	17560.2	19701.8	21868.5	24055.8	25979.8	28810.6	32182.1
江西省	3456.7	4056.8	4820.5	5800.3	6971.1	7655.2	9451.3	11702.8	12948.9	14410.2	15714.6	16723.8	18499.0	20006.3
山东省	15021.8	18366.9	21900.2	25776.9	30933.3	33896.7	39169.9	45361.9	50013.2	55230.3	59426.6	63002.3	68024.5	72634.2
河南省	8553.8	10587.4	12362.8	15012.5	18018.5	19480.5	23092.4	26931.0	29599.3	32191.3	34938.2	37002.2	40471.8	44552.8
湖北省	5633.2	6590.2	7617.5	9333.4	11328.9	12961.1	15967.6	19632.3	22250.5	24791.8	27379.2	29550.2	32665.4	35478.1

续表

地区	2017年	2016年	2015年	2014年	2013年	2012年	2011年	2010年	2009年	2008年	2007年	2006年	2005年	2004年
湖南省	33903.0	31551.4	28902.2	27037.3	24621.7	22154.2	19669.6	16038.0	13059.7	11555.0	9439.6	7688.7	6596.1	5641.9
广东省	89705.2	80854.9	72812.6	67809.9	62474.8	57067.9	53210.3	46013.1	39482.6	36796.7	31777.0	26587.8	22557.4	18864.6
广　西	18523.3	18317.6	16803.1	15672.9	14449.9	13035.1	11720.9	9569.9	7759.2	7021.0	5823.4	4746.2	3984.1	3433.5
海南省	4462.5	4053.2	3702.8	3500.7	3177.6	2855.5	2522.7	2064.5	1654.2	1503.1	1254.2	1065.7	918.8	819.7
重庆市	19424.7	17740.6	15717.3	14262.6	12783.3	11409.6	10011.4	7925.6	6530.0	5793.7	4676.1	3907.2	3467.7	3034.6
四川省	36980.2	32934.5	30053.1	28536.7	26392.1	23872.8	21026.7	17185.5	14151.3	12601.2	10562.4	8690.2	7385.1	6379.6
贵州省	13540.8	11776.7	10502.6	9266.4	8086.9	6852.2	5701.8	4602.2	3912.7	3561.6	2884.1	2339.0	2005.4	1677.8
云南省	16376.3	14788.4	13619.2	12814.6	11832.3	10309.5	8893.1	7224.2	6169.8	5692.1	4772.5	3988.1	3462.7	3081.9
陕西省	21898.8	19399.6	18021.9	17689.9	16205.5	14453.7	12512.3	10123.5	8169.8	7314.6	5757.3	4743.6	3933.7	3175.6
甘肃省	7459.9	7200.4	6790.3	6836.8	6330.7	5650.2	5020.4	4120.8	3387.6	3166.8	2704.0	2277.4	1934.0	1688.5
青海省	2624.8	2572.5	2417.1	2303.3	2122.1	1893.5	1670.4	1350.4	1081.3	1018.6	797.4	648.5	543.3	466.1
宁　夏	3443.6	3168.6	2911.8	2752.1	2577.6	2341.3	2102.2	1689.7	1353.3	1203.9	919.1	725.9	612.6	537.1
新　疆	10882.0	9649.7	9324.8	9273.5	8443.8	7505.3	6610.1	5437.5	4277.1	4183.2	3523.2	3045.3	2604.2	2209.1

附表 3 - 4　2004—2017 年样本地区工业产值名义值

亿元

地区	2004年	2005年	2006年	2007年	2008年	2009年	2010年	2011年	2012年	2013年	2014年	2015年	2016年	2017年
北京市	1554.7	1707.0	1821.8	2082.8	2131.8	2303.1	2764.0	3048.8	3294.3	3566.4	3746.8	3710.9	4026.7	4274.0
天津市	1549.7	1958.0	2261.5	2661.9	3418.9	3622.1	4410.9	5430.8	6123.1	6686.6	7079.1	6982.7	6805.1	6864.0
河北省	3812.3	4704.3	5486.0	6515.3	7891.5	7983.9	9554.0	11770.4	12511.6	13194.8	13330.7	12626.2	13387.5	13757.8
山西省	1711.3	2117.7	2485.1	3141.9	3868.5	3518.9	4658.0	5960.0	6023.6	5842.1	5471.0	4359.6	4148.9	5771.2
内蒙古	1015.4	1477.9	2025.7	2781.8	3879.4	4503.3	5618.4	7101.6	7735.8	7944.4	7904.2	7739.2	7233.0	5109.0
辽宁省	2680.4	3401.8	4017.0	4892.5	6359.4	6925.6	8789.3	10696.5	11605.1	12300.7	12656.8	11270.8	6818.3	7302.4
吉林省	1144.0	1363.9	1659.3	2170.7	2688.4	3054.6	3929.3	4918.0	5582.5	6059.3	6424.9	6112.1	6070.1	6057.3
黑龙江	2242.3	2696.3	3049.0	3326.9	3866.4	3549.7	4429.3	5234.6	5240.7	5090.3	4783.9	4053.8	3647.1	3332.6
上海市	3593.3	4036.9	4575.3	5154.4	5576.8	5408.8	6536.2	7208.6	7097.8	7139.2	7362.0	7162.3	7555.3	8392.8
江苏省	7514.4	9440.2	11097.6	13105.2	15271.2	16464.9	19277.7	22280.5	23908.5	25503.9	26963.0	27996.2	30455.2	34013.6
浙江省	5491.3	6344.7	7585.5	9090.7	10328.7	10518.2	12657.8	14683.0	15338.0	15837.2	16771.9	17217.5	18655.1	19474.5
安徽省	1488.9	1837.4	2240.4	2810.0	3505.7	4064.7	5407.4	7062.0	8025.8	8880.5	9455.5	9264.8	10076.9	10916.3
福建省	2438.6	2801.9	3230.5	3896.8	4593.2	5106.4	6397.7	7675.1	8541.9	9455.3	10426.7	10820.2	11698.4	12674.9
江西省	1140.0	1455.5	1905.2	2412.3	2906.9	3196.6	4286.8	5411.9	5828.2	6452.4	6848.6	6918.0	7219.1	7789.6
山东省	7576.1	9418.6	11378.8	13283.7	15895.0	16896.1	18861.5	21275.9	22798.3	24265.3	25340.9	25910.8	27588.7	28705.7
河南省	3644.4	4896.0	6031.2	7508.3	9328.2	9900.3	11950.9	13949.3	15017.6	14937.7	15809.1	15823.3	17042.7	18452.1
湖北省	1987.5	2478.7	2929.2	3588.0	4391.2	5183.7	6726.5	8538.0	9735.2	10139.2	10992.8	11532.4	12536.4	13060.1

续表

地区	2004年	2005年	2006年	2007年	2008年	2009年	2010年	2011年	2012年	2013年	2014年	2015年	2016年	2017年
湖南省	1824.1	2195.3	2707.6	3397.7	4310.1	4819.4	6305.1	8122.8	9138.5	10001.0	10749.9	10945.8	11337.3	11879.9
广东省	8485.9	10489.7	12518.6	14942.9	17304.8	18091.6	21462.7	24649.6	25810.1	26894.5	29144.2	30259.5	32650.9	35291.8
广　西	1044.8	1264.8	1592.3	2090.1	2627.4	2863.8	3860.5	4851.4	5279.3	5600.5	6065.3	6359.8	6816.6	5822.9
海南省	151.6	176.9	238.3	278.4	308.9	300.6	385.2	475.0	521.2	472.4	514.4	485.9	482.5	528.3
重庆市	1132.7	1293.8	1566.8	2004.5	2607.2	2917.4	3697.8	4690.5	4981.0	4632.2	5175.8	5557.5	6183.8	6587.1
四川省	2013.8	2527.1	3144.7	3921.4	4956.1	5678.2	7431.5	9491.1	10550.5	11540.9	11852.0	11039.1	11058.8	11576.2
贵州省	577.4	707.4	839.1	978.9	1195.3	1252.7	1516.9	1829.2	2217.1	2686.5	3140.9	3315.6	3715.6	4260.5
云南省	1066.4	1168.7	1401.6	1696.3	2051.7	2088.2	2604.1	2994.3	3450.7	3763.6	3899.0	3848.3	3891.2	4089.4
陕西省	1306.5	1650.6	2094.0	2544.4	3274.6	3501.3	4559.0	5857.9	6847.4	7507.3	7993.4	7344.6	7598.0	8691.8
甘肃省	574.0	685.8	868.1	1063.8	1188.8	1203.7	1602.9	1924.0	2070.2	2155.2	2263.2	1778.1	1757.5	1763.4
青海省	153.5	203.9	265.1	344.5	468.6	470.3	613.7	811.7	895.9	912.7	954.3	893.9	901.7	777.6
宁　夏	197.6	228.4	287.6	376.7	507.0	520.4	643.1	816.8	878.6	933.1	973.5	979.7	1054.3	1096.3
新　疆	734.1	961.6	1241.3	1405.1	1755.4	1555.8	2161.4	2700.2	2850.1	2925.7	3179.6	2740.7	2677.6	3254.2

附表 3 - 5　2004—2017 年样本地区能源消费

万吨标煤

地区	2004年	2005年	2006年	2007年	2008年	2009年	2010年	2011年	2012年	2013年	2014年	2015年	2016年	2017年
北京市	5140	5522	5904	6285	6327	6570	6954	6995	7178	6724	6831	6853	6962	7133
天津市	3697	4115	4525	4944	5364	5874	6818	7598	8208	7882	8145	8260	8245	8011
河北省	17348	19745	21690	23490	24322	25419	27531	29498	30250	29664	29320	29395	29794	30386
山西省	11251	12312	13497	14620	15675	15576	16808	18315	19336	19761	19863	19384	19401	20057
内蒙古	7623	9643	11163	12723	14100	15344	16820	18737	19786	17681	18309	18927	19457	19915
辽宁省	13074	14685	15883	17379	17801	19112	20947	22712	23526	21721	21803	21667	21031	21556
吉林省	5603	5958	6622	7346	7221	7698	8297	9103	9443	8645	8560	8142	8014	8015
黑龙江	7466	8026	8728	9374	9979	10467	11234	12119	12758	11853	11955	12126	12280	12536
上海市	7406	8312	8967	9768	10207	10367	11201	11270	11362	11346	11085	11387	11712	11859
江苏省	13652	16895	18742	20604	22232	23709	25774	27589	28850	29205	29863	30235	31054	31430
浙江省	10825	12032	13222	14533	15107	15567	16865	17827	18076	18640	18826	19610	20276	21030
安徽省	6017	6518	7096	7752	8325	8896	9707	10570	11358	11696	12011	12332	12695	13052
福建省	5449	6157	6840	7574	8254	8916	9809	10653	11185	11190	12110	12180	12358	12890
江西省	3814	4286	4661	5054	5383	5813	6355	6928	7233	7583	8055	8440	8747	8995
山东省	19624	23610	26164	28554	30570	32420	34808	37132	38899	35358	36511	37945	38723	38684
河南省	13074	14625	16235	17841	18976	19751	21438	23062	23647	21909	22890	23161	23117	22944
湖北省	9120	9851	10797	11861	12845	13708	15138	16579	17675	15703	16320	16404	16850	17150

续表

地区	2004年	2005年	2006年	2007年	2008年	2009年	2010年	2011年	2012年	2013年	2014年	2015年	2016年	2017年
湖南省	7599	9110	9879	10797	12355	13331	14880	16161	16744	14919	15317	15469	15804	16171
广东省	15210	17769	19765	21912	23476	24654	26908	28480	29144	28480	29593	30145	31241	32342
广　西	4203	4981	5515	6137	6497	7075	7919	8591	9155	9100	9515	9761	10092	10458
海南省	742	819	911	1016	1135	1233	1359	1601	1688	1720	1820	1938	2006	2103
重庆市	3670	4360	4723	5217	6472	7030	7856	8792	9278	8049	8593	8934	9204	9545
四川省	10700	11301	12539	13685	15145	16322	17892	19696	20575	19212	19879	19888	20362	20874
贵州省	6021	6429	7045	7692	7084	7566	8175	9068	9878	9299	9709	9948	10227	10482
云南省	5210	6024	6641	7173	7511	8032	8674	9540	10434	10072	10455	10357	10656	11091
陕西省	4776	5424	5905	6639	7417	8044	8882	9761	10626	10610	11222	11716	12120	12537
甘肃省	3908	4368	4743	5100	5346	5482	5923	6496	7007	7287	7521	7523	7334	7538
青海省	1364	1670	1903	2095	2279	2348	2568	3189	3524	3768	3992	4134	4111	4202
宁　夏	2322	2510	2802	3047	3229	3388	3681	4316	4562	4781	4946	5405	5592	6489
新　疆	4910	5507	6047	6576	7069	7526	8290	9927	11831	13632	14926	15651	16302	17392

附表 3 - 6　2013—2017 年样本地区雾霾浓度　　　　　μg/m³

地区	2013	2014	2015	2016	2017
北京市	89	87.81	80.4	72	57.1
天津市	96	93.95	71.5	70.5	63.8
河北省	108.27	106.08	77.3	70.4	65.6
山西省	81	79.86	56.4	60.1	62.5
内蒙古	57	55.85	41	36.4	34.8
辽宁省	65	63.56	55	46.2	43.8
吉林省	73	71.09	42.6	42.7	43.2
黑龙江	81	78.67	39.4	35.3	38.9
上海市	62	60.71	53.9	45.5	39.3
江苏省	72.92	71.2	56.6	50	48.4
浙江省	60.73	59.29	47.7	41	39.5
安徽省	88	85.39	55.1	53.1	57
福建省	36	35.3	28.7	27.1	26.8
江西省	69	67.28	42.8	44	45.8
山东省	88.5	86.8	66.4	59.9	52.8
河南省	108	106.22	80.7	73.5	67.6
湖北省	94	91.43	65.9	55.9	53.4
湖南省	83	80.8	52.5	48.2	46.8
广东省	46.8	45.5	34	31.7	33.4
广西	57	55.04	40.2	37	38.7
海南省	27	26.49	19.3	18.6	18.7
重庆市	70	68.57	55	53	44.4
四川省	96	93.7	46.7	48	43.2
贵州省	53	52.24	31.7	34	31.3
云南省	42	40.68	28	26.2	24.9
西藏	26	26.13	25.4	25.7	17.9
陕西省	105	102.74	52	59.3	58.7
甘肃省	67	65.7	41.2	39.3	37.1
青海省	70	68.42	42.6	39.3	32.1
宁夏	51	51.42	45.8	45.4	42.9
新疆	88	86.8	53.7	61.8	56